「食」の図書館

フォアグラの歴史

FOIE GRAS: A GLOBAL HISTORY

NORMAN KOLPAS
ノーマン・コルパス【著】
田口未和【訳】

原書房

目次

第3章　芸術と大衆文化のなかのフォアグラ　81

第4章　フォアグラ生産法、伝統方式から近代方式へ　103

［……］は翻訳者による注記である。

序章◉フォアグラの賛否

フォアグラ（Foie Gras）。フランス語の短いふたつの単語から成る名前が、この食材のすべてを言い表している。簡単に訳せば、形容詞のgrasは「太った」または「脂肪の多い」、foieは「肝臓（レバー）」だ。しかし、この韻を踏む2語を口にするだけで、人類が知るほかのどんな食べ物よりも、食通たちの期待を膨らませ、動物愛護活動家の怒りを爆発させる可能性が高い。なぜフォアグラは、これほど真逆の反応を引き起こすのだろう？　ごく短い説明だけで、その理由がわかる。

フォアグラは鴨またはガチョウの肝臓を極限まで太らせたもので、これに目がない人たちにとっては、肉と濃厚なバターかクリームの中間のような、何ともすばらしい味がする。フライパンでさっと表面を焼いたスライスを温かい状態で食べるのでも、もっとゆっくり火を通したものを冷やして食べるのでも、とろけるような、なめらかな食感が、舌をよろこばせる。フォアグラのレシピは伝統的なシンプルなものから、創造性あふれる芸術的なもの、さらには、合理的な料理の範疇《はんちゅう》を超えた、行きすぎと思えるような料理から、ポップカルチャー寄りのくだけたものまで幅広い。自称グルメの人たちは、フォアグラを美食の頂点とほめそやしてきた。

本書を進めるにあたり、鴨とガチョウのフォアグラの違いは知っておいたほうがよいだろう。数百年のあいだ、フォアグラ生産にはおもにガチョウが使われ、やがてフランスのランド県やトゥールーズの種がもっとも信頼できる供給源となった。ガチョウのレバーは鴨のものより大きく、一般に風味が繊細とされる。しかし、その生産は鳥たちの繁殖習慣に左右され、季節限定の製品になりがちだ。そのため20世紀に入ると、しだいに鴨のフォアグラが主流になり、フォアグラ産業はミュラール種の鴨に依存するようになった。ミュラールは雌の北京ダックと雄のバリケン種（バルバリー種）の交配種で、1年を通して簡単に繁殖できるので、丸々と太った肝臓の供給がより安定する。

鴨かガチョウかにかかわらず、フォアグラに反対する大勢の人は、これを動物に対する最悪の虐待だと非難する。もっともなことながら、彼らが注視するのは、この珍重される肝臓を太らせるための方法だ。渡り鳥の鴨やガチョウにはもともと、他の土地へ移動する長い飛行に備え、餌を大量にとって肝臓にエネルギーを蓄える習性がある。フォアグラ産業はその習性を利用して、無理やり大量の餌を食べさせる強制給餌で、鳥の肝臓を極限まで肥大させようとする。その結果は？　食品科学者のハロルド・マギーは、権威ある著書『マギーキッチンサイエンス――食材から食卓まで』〔香西みどり監訳。共立出版。２００８年〕のなかで、「鳥が殺される前に、その成長とともに体内でたくみにつくり出される、生きたパテのようなもの」と述べている[1]。

議論を引き起こす多くの話題がそうであるように、フォアグラ論争においても、対立する両方の側の主張に、もっともな見解もあれば極端すぎる見解もある。先頭に立ってフォアグラをほめそやす人たちは、その贅沢を楽しみ、何世紀も前から現在に至るまで、称賛の言葉を語りついできた。シェフで著作家、料理と旅をテーマにしたテレビ番組の制作者としても知られた故アンソニー・ボーディンは、「私はふと思うのだが、フォアグラは地球上で最高においしい食べ物のひとつで、美食の世界でもっとも重要な味覚のトップテンに入る」と称えた（フォアグラ以外の９つの味覚については列挙していない[2]）。『美味礼讃』〔原題の直訳は『味覚の生理学』〕（１８２５年）を書いた19世紀のフランスの美食家、ジャン・アンテルム・ブリア＝サヴァランも、同じような感想を述べている。彼はストラスブール産の大きなフォアグラが晩餐のテーブルでうやうやしく切り分けられる光景と、それをうっとり見つめる客たちのようすを、感嘆の気持ちを込めて表現した。「私はテーブルを囲むすべての顔に次々と、欲望の光、恍惚としたよろこび、至福の瞬間がもたらす満足がみごとなまでに表れるのを目にした」。もっと簡潔な、それでいて詩的な言葉なら、シェフで料理講師、著述家のキャサリン・アルフォードが、フォアグラは「贅沢の代名詞」とシンプルに表現している(3)。

しかし、フォアグラ否定派は、程度に関係なく、人間が至福を得るために動物を犠牲にすべきではないと主張する。彼らがおもに非難の目を向けるのは、フランス語でガヴァージュ(gavage)と呼ばれる、鳥に無理やり餌を食べさせる強制給餌の習慣だ。gavageは17世紀の動詞gaverから派生した名詞で、詰め込むこと、むさぼり食うことを意味する。強制給餌のほかにも、鳥を太らせ続けるための窮屈な小屋、餌を与える過程で起こるけが、極端に不快な飼育環境、鳥たちを動けなくすること、内臓の障害、さらには、殺される前に最大限の体重に近づいた鳥に起こりかねない死さえも非難の対象になる。

動物愛護団体のポスターやウェブサイトは、苦しんでいる動物のかわいそうな写真に、すべて大文字にして目立たせた「残酷な扱いから生まれる美味などない」のような強いスローガンを組み合わせている。明らかに、使われる画像は演出されたものではない。パリやロンドン、ロサンゼルスの街角では、フォアグラを提供するレストランやフォアグラを売る店の前で、抗議者がピケをはったり、ボイコットを先導したりしている。女優のケイト・ウィンスレットなど著名人も、反フォアグラの映像でナレーターを務めている。フォアグラの生産や販売を禁止しようとする試み、あるいはそれに対して生産者や販売業者の権利を回復しよ

フランス南西部のジェール県でフォアグラ用に飼育されるガチョウ

うとする対決が、地方の自治体からイギリス議会、イスラエルやアメリカの最高裁まで、世界中で続いている。一流レストランのあいだでも対立が勃発している。2005年、シカゴのシェフ、故チャーリー・トロッターは、地元のライバルシェフだったリック・トラモントが店のメニューからフォアグラをはずさなかったことを知り、『シカゴ・トリビューン』紙のマーク・カロ記者に、「リックの肝臓をちょっとしたもてなしに使うといい。きっと脂肪たっぷりだから」と、皮肉った(4)。

このような感情的なやりとりを尻目に、より冷静に問題を理解しようとする者は一時停止ボタンを押し、この複雑に入り組んだ問題をもっと穏やかに検証しようと考えるべきだろう。それこそが、本書が固い決意で目指している方向性だ。たしかに、フォアグラの伝統的な生産方法については残酷な扱いの事例が記録されている。それでも、こうした事例の大部分は、旧式の強制給餌の方法に集中している。現在のフォアグラ生産者は、より責任ある畜産を目指し、鳥たちの扱いに配慮し、最終的には殺すにしても、効率的で人道的な方法で飼育するように努力している。機械化により生産の効率性を上げる一方で、動物を苦しませるリスクを最小限に抑えるような強制給餌のメカニズムを考案してさえいる。

人間が食べる多くの食品の生産には、動物の権利と動物に対する残酷な扱いという問題がかかわっている。フォアグラへの反対意見は、このより大きな問題の一部としても考えられるし、そう考えるべきだろう。たしかに、生産者やシェフのなかには、ほとんどが富裕層によって消費されるこの贅沢な食材をめぐる論争は、活動家がいずれ多くのより一般的な動物製品の禁止につなげるため、そのきっかけとして利用しているのだと考える者もいる。しかしそれは、フォアグラへの抗議が生き物に不必要な苦しみを与えたくないという善意の目標であることを思えば、極端な見方といえるだろう。それでも、この論争が、多くの食通があまり考えたがらない、より大きく厄介な問題、つまり、日常的に私たちが消費する食品を大量生産している工場型畜産農場での動物の扱いという問題につながっているのは否定できない。

こうした観点からすると、本当の問題はフォアグラの生産法を残酷ととらえるかどうかではなく、より広い意味で、生き物を食材として商品化すること、そして言うまでもなく、それが環境と気候変動に与える影響ということになる。それらは倫理的な人間が深く考えるに値する問題ではあるものの、文字通りにも比喩的にも、フォアグラの4500年以上におよぶ豊かな歴史の研究をテーマとする本書が扱う範囲を超えている。

第1章◉フォアグラ4500年の歴史

研究者のあいだでは、フォアグラの最初期の記録は紀元前2500年頃にさかのぼることが、おおむね同意されている。19世紀半ば、古代エジプトの首都メンフィスに近いサッカラの埋葬地で、考古学者たちがピラミッド時代（紀元前2686頃〜2160頃）の浅浮き彫りの彫刻を発見した。現在のカイロから約30キロ南のナイルデルタにある場所だ。その浅浮き彫りにははっきりと、整然と並ぶ家畜化されたガチョウの群れに、男たちが無理やり餌を食べさせているようすが描いてある。有名な「少年王」ツタンカーメン（紀元前1341頃〜1323頃。18歳という若さで死亡。キング・トゥトとも呼ばれる）も、この水鳥の丸々と太った肝臓をもっとも早い時代に堪能したひとりだったかもしれない。

フォアグラがどのような経緯で発見されたのかについては、飛躍的な想像力は必要ない。渡り鳥は天の聖なる力と人間を結びつけるシンボルとみなされたと同時に、古くから重要な食料でもあった。古代の人々は、晩秋または晩春になると、水鳥が食料を求めての、あるいは巣づくりのための移動に備え、せっせと食べて体重を増やす姿を目にしただろう。冬や夏を前にした長い飛行の前に、たまたま人間につかまって殺された水鳥が、大きく膨らんだ肝臓をもっていることにも気づいただろう。調理してみると、この内臓は豊かな風味と絹のような食感をもつとわかり、すぐに珍重されるようになったはずだ。

もちろん、現在のフォアグラ生産に見られるような、鳥の肝臓を大きくするための特別な手段は用いなかったので、太ったガチョウの肝臓は現代の私たちが知るような脂肪たっぷりのものではなかったかもしれない。丸々と太った鳥は、蓄えられた体脂肪も高く評価されていただろう。これは料理するときの非常に風味豊かで貴重な調理油になった。この点については、鴨やガチョウの脂で揚げたポテトフライを好む現代の食通たちならよくわかるだろう。

紀元前400年頃、よく太ったガチョウは、スパルタ王アゲシラオスがエジプトを訪問した際に贈り物とされるほど、価値あるものだった(1)。丸々と太った鳥とその肝臓を味わう楽しみは、このような王の訪問や日常的な人々の往来を通して、しだいに地中海を超え、ギリシアやローマへと伝えられた。書物での言及からも、古代世界で珍味として食されていたことがわかる。ホメロスの『オデュッセイア』は、紀元前12～8世紀の古代ギリシアの口頭伝承の一部がもとになっているといわれるが、その第19歌に、オデュッセウスの妻ペネロペが、変装して戻ってきた夫に自分が見た夢の内容を話す場面がある。それは、オデュッセウスの

ホメロスの『オデュッセイア』の一場面を表現する、ヴァチカンのピオ・クレメンティノ美術館所蔵の彫像。オデュッセウスの妻ペネロペが、太ったガチョウの夢を見る。

ガチョウの強制給餌のようすを描いた古代エジプトの絵画

長い放浪のあいだに彼の後釜に座ろうとした多くの求愛者をガチョウにたとえた話だ。「20羽のガチョウが、澄んだ小川を好んでこの家にやってきては、小麦をついばみ、あっというまに太っていきました」。古代ギリシアの喜劇詩人エウポリス（前446〜411）が書いた『花飾りの娘たち *The Garland-wenches*』の現存している断片のなかには、「あなたがガチョウの肝臓かガチョウの心をもつのでないかぎり」という、おそらくフォアグラに言及している一節がある。同じ時代のもうひとりのアテネの喜劇詩人エピゲネスは、『バッカスの巫女たち *Bacchanalian Women*』のなかで、「もし誰かが太ったガチョウのように私を魅了するなら」と書いている(2)。

古代ギリシア人とローマ人はどちらも同じように、ガチョウに穀物ではなく乾燥イチジクを食べさせて、より甘く、繊細な風味をもつ肝臓に育てようとした。このプロセスはのちに、ローマの料理人アピシウスが書いたとされる1世紀の書物『料理帖 *De re coquinaria*』でも、濃厚な豚のレバーの生産法として紹介された。この給餌法から、のちにラテン語のiecur ficatumという言葉が生まれた。直訳すると「イチジクのレバー」を意味する。そこから、おそらくはイチジクが肝臓と似たような形をしていることもあり、ちょっとした言葉の逆転で、ラテン語でイチジクを表すficusから派生した語が、ほかのラテン語系の言語で肝臓そのものを表す語になった。イタリア語のfegato、スペイン語のhígado、フランス語のfoieだ。

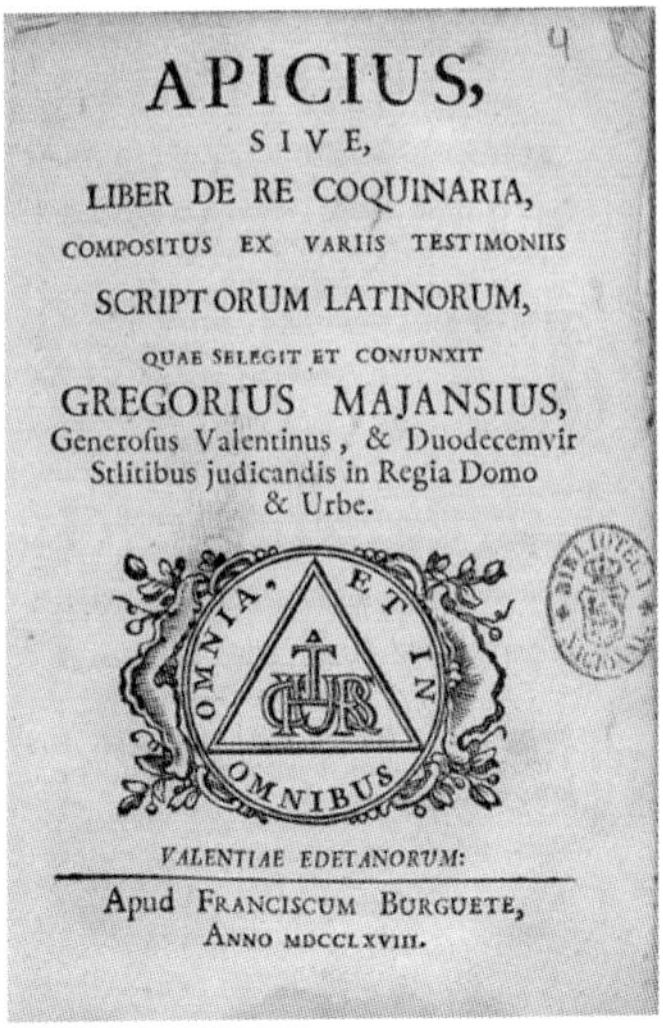

APICIUS,
SIVE,
LIBER DE RE COQUINARIA,
COMPOSITUS EX VARIIS TESTIMONIIS
SCRIPTORUM LATINORUM,
QUAE SELEGIT ET CONJUNXIT
GREGORIUS MAJANSIUS,
Generosus Valentinus, & Duodecemvir
Stlitibus judicandis in Regia Domo
& Urbe.

VALENTIAE EDETANORUM:
Apud FRANCISCUM BURGUETE,
ANNO MDCCLXVIII.

アピシウス『料理帖』の1768年版の本扉

古代ローマでは「イチジクのレバー」の人気が高まるあまり、1世紀には博物学者の大プリニウスがこれを、ローマ人が発明したもの、と主張するほどだった。プリニウスは紀元前49年から48年にかけてシリア総督を務めた軍事指導者のメテッルス・スキピオをその発明者とした。古代ローマの詩人ホラティウス（紀元前65～8）は、『風刺詩』第2作の風刺8で、こう言及している。「奴隷たちがあとに続いた。大皿にたっぷりの塩といくらかの小麦粉をまぶした鶴の脚を何本かと、イチジクでよく太らせた白いガチョウの肝臓をのせて運んできた[3]」

一部の学者は、ガチョウを育てて太らせ、「イチジクのレバー」をつくる習慣は、ローマによるガリア［古代ヨーロッパ西部のローマ時代の呼び名。現在のフランスとベルギーを中心とした地域］

征服（紀元前121〜51）を機に、自然な流れでフランス南西部に広まった、と説明する。それに対して、ガチョウの群れの世話をしていたユダヤ人奴隷が、古代エジプトで最初に濃厚なレバーのことを知り、ローマによる占領のあともその習慣を続け、そこから、ユダヤ人の離散とともにフォアグラは他の土地へも伝えられた、と指摘する学者もいる。太ったガチョウからとれるバターのような脂肪は、乳と肉を混ぜることを禁止するユダヤの厳しい食事規定「カシュルート」（コーシャ）にも完全に適し、乳製品ではない調理油として受け入れられた。フォアグラの広まりについてのこれらの説のどちらも、実際にはもう一方を排除していない。そして、濃厚で味わい深い肝臓のために水鳥を育て太らせるという習慣は、その肉、脂肪、羽根の用途とともに、徐々にヨーロッパ全土に広がった。

◉ユダヤ料理から高級料理へ

中世に入ると、ユダヤ人の農民、肉屋、料理人が、事実上のフォアグラ守護者となった。しかし、強制給餌で太らせたガチョウの肝臓と脂肪は、ユダヤ教の教義にしたがうラビ（宗教的指導者）の学者にとっては、激しい議論を引き起こすテーマになった。議論の多くは、ユダヤ教の律法書「タルムード」に収められている3世紀の律法学者、ラッバー・バー・バー・ハナが伝えたガチョウに関する寓話と、強制給餌で育てた鳥を食べることの象徴的意味合いに集中していた。

かつて砂漠を旅していたとき、私たちはガチョウの群れを見た。あまりに太りすぎて、羽根が抜け落ち、体の下に脂肪が流れ出していた。私は鳥たちに言った。「来たるべき世界のために、あなたたちの肉を分けていただけませんか？」鳥の1羽が片方の翼を持ち上げ、もう1羽が脚を上げた。（中略）私がラビのエレアザルの前に進み出ると、彼はこう言った。「イスラエルはこれらのガチョウのために、ゆくゆくとがめられることだろう(4)」

中世のフランス人ラビ、シュロモ・イツハキ（1040～1105）――現在では頭文字をとったラシの名のほうが知られている――が、自身の書いた学術書で、この寓話の解釈を取り上げた。ラシ自身もおいしい食べ物や飲み物を愛する食通だったが、彼はラッバー・バー・バー・ハナの寓話の意味について、イスラエルが最終的に責めを負わされる理由は、ガチョウへの強制給餌が、不必要に「生き物を苦しめること」を禁じるユダヤの律法トーラーに違反するからだと結論した。さらには、「生きた動物から引き裂いた手足［あるいは拡大

ラシの通称で知られるラビのシュロモ・イツハキが、11世紀末にフォアグラの是非についての判断を書き記した。

解釈して身体の一部」」を食べてはならないという教えにも違反する。粗い穀物を無理やり食べさせると、鳥の食道が裂ける可能性があったからだ。現代の敬虔なユダヤ教徒のベジタリアンやヴィーガン（完全菜食主義者）は、これとまったく同じ聖典の規範を根拠に、主として、あるいは全面的に植物性の食品を食べるという信念をもち、当然ながらフォアグラには反対している(5)。

もちろん、聖典の解釈に関するどの議論もそうであるように、意見はつねに変化し、永遠のシーソーゲームになりかねない。ユダヤ人はスペイン、イタリア、フランス、イギリスで何世紀にもわたる迫害を受け、その後は徐々にドイツやハンガリー、ポーランドへと移住していったが、そのあいだもずっとフォアグラの製造と消費の習慣を保ち、強制された放浪の末に行き着いた土地にその習慣

メロッツォ・ダ・フォルリの『シクストゥス4世によりヴァチカン図書館長に任命されるプラティナ』（1477年頃、フレスコ画）。ヴァチカン図書館長のプラティナは、1470年代初めの料理本『高潔なる喜びと健康について』で、ガチョウの肝臓を称賛した。

をもち込んだ。彼らは19世紀以降になっても、フォアグラの守護者であり続けた。

やがて、フォアグラへの嗜好は、さらに遠方まで広がった。15世紀後半、教皇シクストゥス4世のヴァチカンの図書館長、プラティナことバルトロメオ・サッキは、1470年代初めにローマで刊行された世界初の印刷された料理本『高潔なる喜びと健康について *De honesta voluptate et valetudine*』のなかで、「とりわけすばらしい」ガチョウのレバーをほめ称えた。その1世紀ほどあとには、教皇ピウス5世の料理人バルトロメオ・スカッピが、彼の料理本『オペラ（著作集）*L'opera dell'arte del cucinare*』で、「ユダヤ人が育てた家畜のガチョウの肝臓」は、「その極端な大きさと1キロを超えるほどの重さ」に驚かされる、とほめそやした。スカッピは、おいしそうな調理法を紹介している。しかし、それは明らかにユダヤの戒律には反するもので、牛乳に浸し、小麦粉をまぶしたレバーをラードで揚げ、スペインのセヴィル産のオレンジ果汁と砂糖ひとつまみをふりかける。ガチョウのフォアグラのレシピはヨーロッパで刊行された他の豪華な料理本にも次々と掲載された。1581年刊行の『新料理本 *Ein neu Kochbuch*』では、ドイツの一流料理人マルクセン・ルンポルトが、レバーを丸ごとペストリー生地で包んだもの、レバームース、レバーとハム、卵、コショウ、キャベツを組み合わせた一種のソーセージなど、いくつかのフォアグラレシピを載せている。

ドイツやイタリアの貴族の邸宅の厨房で、想像力に富んだフォアグラ料理がつくられるよ

マルクセン・ルンポルトの『新料理本』(1581年)は、ドイツでフォアグラが好まれるようになったと述べている。

うになった時代に、おいしい肉、脂肪、肝臓にするため、ガチョウを強制給餌で育てる生産法がフランスで取り入れられた。現在のフランスで、フォアグラ生産の中心地とみなされる地域だ。当時の農作業法を網羅したふたつの手引書が残っている。シャルル・エチエンヌの『農業と田舎の家 *L'Agriculture et la maison rustique*』(1564年刊行)と、土壌科学者オリヴィエ・ド・セールの『農業全書 *Le Théâtre d'agriculture*』(1600年刊行)である。どちらの本も、ガチョウを太らせるための最良の方法についてくわしく書いている。なかには、鳥の目をつぶし、脚を床に釘で打ちつけるなど、直観的にひどいやり方だと感じる、驚くような指示もあった。アメリカの食の研究家キャシー・K・カウフマンは、こうした方法は実際のとこ

フランスの土壌科学者オリヴィエ・ド・セールは、ガチョウを太らせるための残酷な方法を指示することもあった。

ろ、「鳥に高レベルのストレスを与え、餌を食べる意欲を失わせていただろう」と指摘している(6)。

それでも、フランスではフォアグラ生産が盛んになり、とうとうこの国の料理の文献にも食材として紹介されるようになった。1651年に刊行されたフランス初の豪華料理本、フランソワ・ピエール・ド・ラ・ヴァレンヌの『フランス料理 *Le Cuisinier françois*』でも、foyes gras(フォアグラ)のレシピがいくつか掲載された。たとえば、シンプルな煮込み料理として、今日でもよく目にする、フォアグラをトリュフと組み合わせたものがはじめて記録された。また、「フォアグラの灰焼き」として載っている次のレシピでは、台所の暖炉の熱い灰のなかでフォアグラを加熱する。

> フォアグラを脂肪で包み、塩、コショウ、砕いたクローヴ、香りの強いハーブの小束で風味づけする。4~5枚の紙で包み、マルメロの実のように灰のなかで加熱する。

調理できたら、中でぶくぶくと泡立つソースがこぼれないように注意して、外側の紙を取り除き、その紙の上か皿に移して食卓に出す。

「太陽王」ルイ14世の治世（1661〜1715）に、フランス料理はヴェルサイユ宮殿と同じくらい贅沢に花開いた。一時期ルイ14世の弟であるオルレアン公フィリップ1世の料理人を務めていたフランソワ・マシアロは、1691年刊行の『王家とブルジョワの料理書 *Le Cuisinier roïal et bourgeois*』で、選りすぐりのフォアグラのレシピを紹介している。そのなかのひとつ、フォアグラのトゥルト（パイ）は、熱湯にくぐらせたフォアグラ、マッシュルーム、生のハーブ類、豚の脂肪、塩、コショウ、ナツメグ、クローヴ、グリーンレモン（まだ青いうちに収穫したレモン）を混ぜ、ペストリー生地に包んで焼いて、風味豊かなパイにする。仕上げにピューレ状にしたフォアグラ、マトンのブイヨン、エシャロット、レモン汁を混ぜたソースをかける。料理史家たちはこれを、いまでは冷製の前菜の定番となっている「フォアグラのパテのパイ包み」の最初の例と考えている。現在は、長方形の陶製容器に入れて焼いたものを冷やしてつくる(7)。

しかし、学術的に研究されたフォアグラの歴史は、熱のこもった地域の伝承によって、それ自体の真偽が問われることがある。たとえば、「偉大なる生産者の死 Death of Its Great-

歴史の長いパリのレストラン「ドルーアン」で提供される、「トリュフとフォアグラのパイ包み」。300年以上続くフランス料理の伝統を受け継いでいる。

est Maker」（アルザス地方のコルマールの町に住むジャン・マンゴールドという人物を指す）という長文記事のなかで語られた、パイ生地に包みトリュフで風味づけしたフォアグラ「パイ」の起源についての話を考えてみよう。その記事は、カリフォルニア州のデスバレーにある小さな町の新聞『インヨー・インディペンデント』が、『ロンドン・デイリー・ニューズ』紙から転載したもので、１８９１年4月10日付の紙面に掲載された。

フランスのアルザス地方の軍事総督だったコンタード元帥が、お抱え料理人として、クローズという名のノルマン人をストラスブールに連れてきてから、ほんの１００年しか経っていない。アルザスは当時すでに、太ったガチョウのレバーの「テリーヌ」で注目されていた。陶製の容器に入れ、澄ましバターの層で覆い、蓋《ふた》をして保存していた。調理はいくぶん雑で、とびきり重要なアクセサリーが欠けていた。美意識の高いクローズは、叫ぶように言った。「陶器よ、なんじはパイになるべし！」彼は陶製の容器を捨て、濃厚なレバーをパイ生地に包んだ。「これで肉体はできた」。熱意みなぎるクローズは、「今度はこれに魂を込めなければならない」と言い、ペリゴール産のトリュフの心躍らせる香りに、パイの魂を見つけた。ノルマン人のクローズこそ間違いなく、ストラスブール・パイの発明者とみなされなければならない[8]。

ついでながら、クローズはなめらかなピューレ状にした子牛のひき肉と豚の脂肪も、おそらくはレバーの切れ端と混ぜて加えた。彼がフォアグラのパイ包み焼きを「発明」したかどうかは別として、その歴史の断片に彼の雇い主が果たした役割は、いまでも時々、クローズがつくった料理に使われる「コンタード風パテ」の名前に生き残っている。

このように、近代の幕開けまでには、フォアグラの評判は中東の原産地からヨーロッパ中に伝わり、さらに遠く離れたデスバレーのホウ砂鉱山の落書きにまで記された。北米でももっとも標高が低く、地球上でもっとも暑い土地のひとつだ。

◉エスコフィエとフランス伝統のアプローチ

フォアグラはヨーロッパ本土からイギリスへ、さらに大西洋を渡ってアメリカに伝わり、高級料理店のメニューに加わっていったが、多くの場合にその調理法の基準となったのはフランス料理だった。とくにひとりのシェフが、20世紀の伝統的フランス料理とフォアグラ料理の方向性を定めた。

シェフの名はジョルジュ・オーギュスト・エスコフィエ（一般にはオーギュスト・エスコ

フランスの有名シェフ、オーギュスト・エスコフィエの写真。『ロンドン・グルメガイド *The Gourmet's Guide to London*』（1914年）の著者に贈呈された。

フィエの名で知られる）。料理人およびレストラン店主として腕を磨いたエスコフィエは、「ホテル王」セザール・リッツが支配人を務めていたモンテカルロのグランドホテルで、またとない経験を積んだ。のちにリッツとともにロンドンの有名なサヴォイホテルに移り、その後、1899年に同じロンドン市内にあるカールトンホテルに移った。1903年、56歳のときに、著書としては2作目、料理をテーマにしたものではじめての本となる『料理の手引き *Le Guide culinaire*』を刊行した（4年後には『*A Guide to Modern Cookery*』のタイトルで英語版が出版された）。本書によりエスコフィエは高級フランス料理の世界的な評価基準の確立に中心的な役割を果たした。まさに高級料理の法典を完成させようとしていたのだ。その過程で、イギリスやアメリカ、またフランス料理の価値を認めるようになる他の国で、料理人がフォアグラを調理し、洗練された食事客がそれを楽しむための基準も定めた。

エスコフィエがこの本でフォアグラにあてた文章から、20世紀初めの高級料理店の厨房におけるまさに最先端のフォアグラ調理法がわかる。2973のレシピと一連の調理手順を掲載しているこの本のなかで、フォアグラは85回も重要な食材または論点として登場する。もっとも簡単なレシピとしては、1726番のシンプルに「フォアグラ」とした項目で、ガチョウの太ったレバーを丸ごと調理する方法を説明している。

フォアグラを丸ごと、温かい料理として提供するなら、ペースト生地に包んで焼くのが最もよい。レバーから溶け出す余分な脂肪を生地が吸収してくれる。そのため、生地は2層にして、レバーより少しだけ大きくする。

生地1枚の上に、薄切りベーコンでくるんだレバーをのせる。できれば、皮をむいた大きめのトリュフで周りを取り囲む。レバーの上に半分にしたベイリーフをのせる。生地の端を濡らし、もう1枚の生地をかぶせる。親指で押して生地をしっかり閉じ、端を折り曲げて、左右対称のひだにする。これが準備の仕上げになるとともに、閉じたとこ

数世紀の歴史がある「フォアグラのゼリー寄せ」は、少なくともエスコフィエの時代には調理法が確立され、いまも人気がある。この写真はストックホルムのハッリウィル博物館のレストランで出されている最近のもので、「ガチョウのレバーのサプライズ」の名前がついている。

ろを頑丈にする。

上面に卵黄を塗り、縞模様をつけ、蒸気を逃がすための切り込みを入れる。中くらいの大きさのレバーの場合は、中温のオーブンで40分から45分焼く。

焼き上がった生地包みをそのままの状態でテーブルに出し、付け合わせは別の皿に盛る。

テーブルで担当の給仕が生地の上部を取り除き、レバーをスプーンで切り分け、それぞれの皿にのせる。レバーの周りにメニューに記されている付け合わせを添える。(9)

エスコフィエは続けて、「温かいフォアグラの付け合わせとしては、ヌードル、マカロニ、ラザニア、スパゲティ、あるいはライスをとくにすすめる」と書き、「この付け合わせがフォアグラの消化と口当たりをよくする」と説明している。

エスコフィエがフォアグラをメイン食材またはサブ食材として使っているそれ以外の84のレシピは、自由奔放で幅広い。スクランブルエッグ・ボヘミア風（461番）はフォアグラをメインの材料としたもので、フォアグラとスクランブルエッグ、角切りのトリュフを合わせ、なかをくり抜いたブリオッシュに詰める。ポーチドエッグ・ロッシーニ（429番）は、小さなタルト生地にバターで焼いたフォアグラを詰め、その上に卵を落とし、マデイラ酒で風味づけした子牛の肉汁をかけ、「黒トリュフの大きなスライスを1枚」のせて仕上げる。フォアグラはさまざまな詰め物料理の贅沢な具材となる。ヘーゼルナッツ大のプロフィトロール（シュー生地）にフォアグラを詰めたものが、王女風コンソメ（575番）の付け合わせになるほか、牛ヒレ肉の煮込みのカマルゴ（1046番）にも、たっぷりのトリュフとベーコンとともに使う。フォアグラを丸ごと詰めた鶏肉を、マデイラ酒を加えた子牛のブイヨンで煮てから、オーブンで焦げ目がつくまで焼き、厚切りのトリュフのスライスとベーコンをのせて、生地に包んで焼くと、鶏肉のルイーズ・ドルレアン風（1487番）ので き上がりだ。

フォアグラが脇役ではなく主役となる料理は、ほかにも数え切れないほどある。たとえば、エスコフィエの「フォアグラのエスカロップ・ペリグー風」（1728番）は、生のフォアグラのスライスを塩・コショウで味つけし、溶き卵に浸し、砕いたトリュフの上を転がしたものを、澄ましバターでソテーして、トリュフのエキスで風味づけしたマデイラ酒ソースとともに提供する。あるいは、きらきらした「冷製フォアグラの煮こごり」（1735番）は、透き通っておいしそうなゼリーにフォアグラをきれいに並べたものを、長方形の型に入れてつくり、ポーチドエッグとトリュフを添える。

エスコフィエのフォアグラへの傾倒は、それだけでは終わらない。『料理の手引き』英語

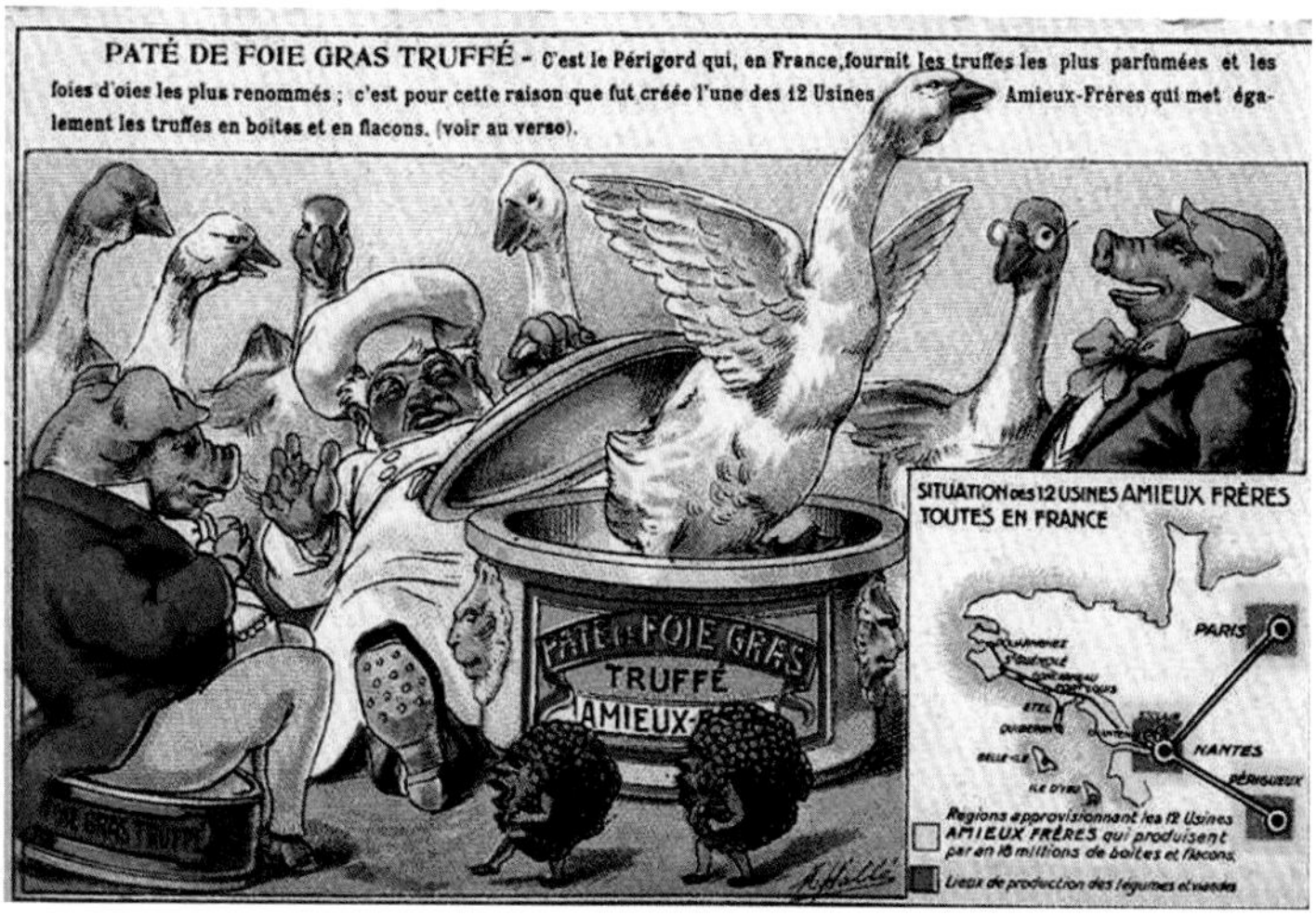

フランスの食品メーカー、アミュー・フレール社の1930年代の広告。トリュフ入りフォアグラのパテを製造する工場が30もあると宣伝している。

版の巻末に掲載されている69のサンプルメニューには、フォアグラをメイン食材にした料理が24も含まれている。その多くはカールトンホテルでスペシャルメニューとして出していたものだ。これは、世界中の食通たちがフォアグラの価値を理解し始めるにつれ、伝統的なフランス料理だけでなく高級料理のコンセプトにおいても、フォアグラがきわだった評価を得たことをはっきりと示す、もうひとつの証拠だろう。

◉伝統のハンガリー料理のフォアグラ

ハンガリーでのフォアグラ生産は、この土地に最初にユダヤ人が定住した11世紀に始まった。現在、ハンガリーはフランスに次いで世界第2位のフォアグラ生産国で、その丸々と太った肝臓の大部分はガチョウのものだ。ハンガリーの台所では、フォアグラはフランス語の呼び名のほかに、一般にリバマーイ（libamáj）とも呼ばれる。英語圏の国からきた人たちには、混乱をまねく名前かもしれない。libaが「肝臓」だと思われそうだが、じつはこちらが「ガチョウ」を意味する語で、májが「肝臓」を意味する。

現在でも、ハンガリーの代表的なフォアグラ料理の多くは、ユダヤ人が最初に考え出した伝統の調理法にかなり厳密にしたがっている。たとえば、フォアグラのスライスに小麦粉を

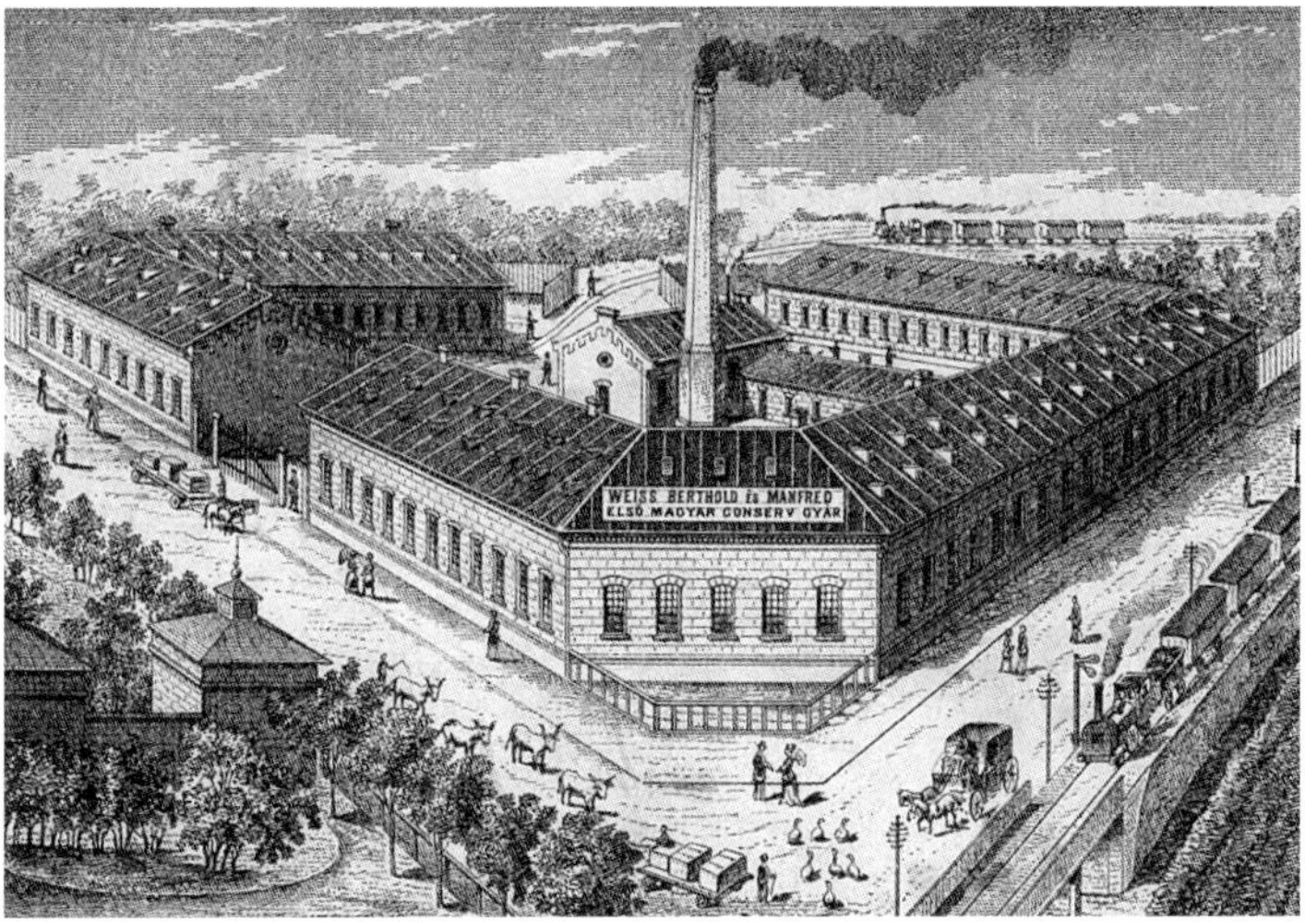

ブダペスト近郊に1880年に建設された、ワイス・ブラザーズの工場。ガチョウのレバーの缶詰など、さまざまな加工肉製品を製造していた。

ブダペストのダヌビウス・ホテル・ゲッレールトで提供している伝統的な冷製リバマーイ（フォアグラ）。ガチョウの脂肪、リンゴのスライス、サラダ、トーストを添えている。

まぶし、タマネギと一緒にソテーする。ニンニクとピーマンの薄切りを加えてもいい。フォアグラを丸ごと焼いて、固ゆで卵、炒めたタマネギ、香味料と一緒に裏ごしすると、伝統的なユダヤ風の鶏のチョップレバーとも、フランス風のフォアグラのパテとも似た料理ができ上がる。もっともシンプルな調理法としては、丸ごとローストしたフォアグラを薄切りにして、田舎パン（パン・ド・カンパーニュ）にのせ、溶かしたガチョウの脂肪をたらし、好みで少量のパプリカを加えれば、ブダペストのダヌビウス・ホテル・ゲッレールトの一流レストラン「パノラマ」で提供される、素朴だがエレガントな一品ができ上がる。高級フランス料理店で出される、エスコフィエ風のフォアグラ料理をまねたものとしては、甘いクリームとポートワインをサワークリームとトカイワインに代

ブダペストでは、表面を焼いたガチョウのフォアグラをアプリコットのコンポートとともにトーストにのせ、アプリコット果汁を煮詰めたソースを添えて提供する。

えたハンガリーの優雅な伝統料理がある。じつをいうと、この種の料理は、ブダペストの伝説のレストランで、いまも変わらず人気の「グンデル」でも食べられる。1910年にカーロイ・グンデルが創業したレストランで、グンデルはエスコフィエと同じように、パリのセザール・リッツのもとで経験を積んだ。

◉イギリスとアメリカのフォアグラ

19世紀後半に一流ホテルの厨房をまかされた、エスコフィエをはじめとするフランス人シェフたちのおかげで、フォアグラはイギリスのエリート層にも好まれるようになった。ジュール・グッフェ（『料理教本 *Le Livre de cuisine*〔英語版は *The Royal Cookery Book*〕』）やユルバン・デュボア（『古典料理 *Cuisine classique*』『料理芸術 *Cuisine artistique*』）のような、当時を代表するシェフたちが書いた料理本の英語翻訳版が出版されたことも大きい。グッフェは1867年にパリのジョッケクルブ（Jockey Club）〔19世紀に貴族や上流階級の男性の社交場となった会員制クラブ〕のシェフになり、デュボアは1850年代後半から60年代にかけて、当時の政界のふたりの大物、ロシアの外交官のオルロフ公と、プロイセンのヴィルヘルム1世のお抱えシェフとして名を成した。

1889年のベンジャミン・ハリソン大統領の就任祝賀舞踏会では、フォアグラが祝宴メニューの主役になった。

フランス人シェフのジュール・グッフェの料理本は、イギリスでのフォアグラ人気の高まりに貢献した。料理の知識を弟子に教える姿を描いた1897年の漫画。

驚くことではないが、フォアグラはアメリカでも、南北戦争後の「金ぴか時代」と呼ばれる繁栄の時代に熱烈なファンを得た。アメリカのフォアグラは必ずしもフランスから輸入されたものではない。ドイツ系アメリカ人の農民たちが、太らせたガチョウの肉とレバーの味をなつかしみ、料理人や、家庭で料理を楽しむ人たちは、中西部から東海岸の大きな都市ならどこでも、ドイツ系の肉屋でガチョウのフォアグラを買うことができた。ニューヨークの伝説のレストラン「デルモニコス」は、冷製と温製両方のフォアグラ料理を、通常メニューでも宴会用メニューでも提供していた。フォアグラは祝賀パーティーには欠かせない最高級食材の象徴になった。

実際に、この時代には、アメリカのもっとも重要な行事のひとつで、フォアグラがメニューの主役になっている。アメリカ合衆国大統領の就任式だ。1889年、ベンジャミン・ハリソン大統領の就任祝賀舞踏会が、ワシントンDCのペンションビルで開かれた。1万5000人の招待客のために用意された豪華なメニューには、蒸し牡蠣2万個、クレオール風牡蠣のクリームソース2万個、鶏肉のクロケット7000個、チキンサラダ300ガロン（約1135リットル）、ロブスターサラダ200ガロン（約757リットル）、ヴァージニア産ハム150本、七面鳥150羽、ウズラ1000羽、そして、フォアグラのパテ「ハリソン風」800個が含まれた。「ハリソン風」の名称は、新大統領に敬意を表してのものだ。この祝宴を取り仕切ったフィラデルフィアのホテル経営者ジョージ・C・ボルトは、『ワシントン・ポスト』紙の記者に、「ニューヨークの宴会ビジネスはデルモニコスの独占状態などではないと、あの店の心酔者に見せつける覚悟で臨んだ」と話した。(10)

第2章◉フォアグラ料理の現代風アレンジ

どの世代のシェフたちも、ある程度までは、彼らに先立つ世代のシェフたちが築いた伝統から学び、その上に自らの業績を積み重ねていく。クリエイティブな職業に就いている者は誰でも、結局のところ、その分野で確立されてきた優秀さの基準を満たそうと努力する。そして、その基準を超えて、何か新しい、それまでとは異なる、もっと優れたものをつくり出そうとする。こうした流れは間違いなくフォアグラ料理の発展にも見てとれる。

現代における伝統料理から新たな「コンテンポラリー」料理への移行は、一般には1960年代のフランスで生まれた「ヌーベルキュイジーヌ（新しい料理）」が始まりとされている。この用語はもともと、フランスのレストラン評論家、アンリ・ゴーが用いたもので、その後10年ほどのあいだに、ゴーとジャーナリスト仲間のクリスチャン・ミヨー、評論家で編集者のアンドレ・ガイヨーとで創刊したレストランガイド『ゴー・ミヨー』の人気の高まりに大きく後押しされて、各地に広まった。ガイヨーはいまでも同じ仕事を続け、世界的なレストランサイトのGayot.comに記事を掲載している。

当初、新しい世代の一流フランス人シェフたちがつくり出す、より新鮮で、より食材にこだわり、よりクリエイティブで、厳密なルールに縛られない高級料理として紹介されたヌーベルキュイジーヌは、すぐに世界的現象になった。世界中のシェフたちがこのフランスでの流行に影響されたというだけでなく、どの国のどのシェフも、新しいスタイルに挑戦するなかで他の土地の料理からインスピレーションを得て、「フュージョン」と呼ばれる料理スタイルを生み出していった。フュージョンという語は、1980年代初めのカリフォルニアでとくに流行した。オーストリア生まれの料理人ウルフギャング・パックが、カリフォルニアの有名店「スパゴ」で、ピザにスモークサーモンのようなイタリアでは使わない食材をのせたのが始まりだ。「スパゴ」は1982年にウエストハリウッドに開店し、18年後にビバリーヒルズに移転した。パックは1983年にサンタモニカに開店した「シノワ・オン・メイン」でも、フランス料理の技術とカリフォルニアの食材を組み合わせ、本格的な中華料理や韓国料理、タイ料理の影響も受けた「アジアン・フュージョン」の流行を巻き起こした。

料理界の新しいトレンドには、ほかにも「分子料理学」などがある。これは高度な科学的、技術的手法を料理に応用したもので、スペインのフェラン・アドリアやホセ・アンドレス、イギリスのヘストン・ブルメンタールやサット・ベインズ、アメリカのグラント・アケッツ

フォアグラのテリーヌ、マルメロのペーストとトーストを添えて。フランス、ボルドー。

やワイリー・デュフレーヌ、フランスのローラン・グラやピエール・ガニェールなど、世界中の大勢のシェフが取り組んだ。

もちろん、これらのさまざまな流行とは別に、食通たちが旅に出れば、その旅先で本物の伝統料理やエスニック料理を楽しめる場所を探そうとする。実際のところ、インターネットやスマートフォンアプリのおかげで、そうした店を探すのは以前より簡単になった。それでも、20世紀末から21世紀初めにかけて各地の料理が影響し合ったことにより、パリやロンドンから、ニューヨーク、サンフランシスコ、東京、上海、ベルリン、ブダペスト、シドニー、ケープタウン、ストックホルム、コペンハーゲンまで、冒険を好む食事客はいまや世界的な規模で、洗練された革新的な料理を味わえるようになったというのも揺るぎない事実だ。

その流れがフォアグラにとって何を意味するかといえば、現在ほどフォアグラ料理がクリエイティブで多彩になったことはない。フォアグラの販売、調理、提供がいまも認められている国を旅する食通たちは、おそらく伝統的な教えにしたがって調理されたフォアグラ料理と出合うだろう。たとえば、1903年に初版が刊行されたオーギュスト・エスコフィエの『料理の手引き』に掲載されているような料理だ。もっともシンプルなものとしては、フォアグラの上品なパテかテリーヌ、あるいは、生のフォアグラのスライスをソテーしたものが、その濃厚な味わいに甘味と酸味を加えるような付け合わせと、パンかトーストを添えて提供される。

しかし、おそらく食事客は、さまざまにアレンジされた、つねに変化する新しい料理にも次々と出合うことだろう。料理人の芸術的なセンスと技術、彼らが育った土地の文化、彼らが修行してきた、あるいは現在取り組んでいる料理分野、さらには世界中の料理の影響が反映されたメニューだ。その代表的なレシピをほんの少しだけ紹介しよう。

◉フォアグラと現在の高級料理におけるフュージョン

現在のフォアグラ料理でもっとも批評の対象になるのが、過去に目を向けながらも、現代の食通のために食材を再解釈したものだ。とくに注目されたのは、シェフとして高い評価を得ているヘストン・ブルメンタールが、ロンドンの彼の店「ディナー」のメニューとして考案した「ミート・フルーツ」だろう。この料理は、500年近く前の伝統的なイギリス料理をもとにしたものだ。鶏のレバーとフォアグラをごくなめらかなパルフェ（ムース状）にして、マデイラ酒、白とルビーのポートワイン、ブランデーで風味づけし、丸い型に入れ、串を刺して冷凍する。その後、マンダリンのピューレ、エッセンシャルオイル、パプリカのエキス、ブロンズ色の植物性ゼラチンとグルコースを混ぜたものにくぐらせ、一晩おいてから再び浸すと、表面のコーティングが柑橘類の皮のように見える（クリスマスなどのホリデーシーズンには、マンダリンの代わりにスパイスで風味づけしたプラムのゼリーが使われる）。柑橘類の葉に似た、常緑の低木ルスカスの葉つきの小枝を飾りに刺して仕上げる。視覚的にも料理としてもセンセーションを巻き起こしたこの料理は、フォアグラのパルフェを外側の甘酸っぱいマンダリンで完璧に補っていることが最大の魅力だ。

他のシェフたちもおおいに刺激された。ひとつだけ例を挙げれば、シカゴの「フルトン・マーケット・キッチン」では、シェフのクリス・カレンがフォアグラの上品な球形のムースをマンダリンのゼリーで包み、柑橘類の葉をのせたメニューで、料理評論家たちを興奮させた。

とくに興味深い、フォアグラへの魅力的なアプローチには、これこそ真の料理のフュージョンの精神で、他の土地の伝統料理の要素を組み合わせたものがある。たとえば、イタリアのパスタをアレンジしたものだ。パリの一流レストランがいまでは、フォアグラとパスタを効果的に組み合わせたメニューで称賛されている。「ル・コントワール・ド・ラ・ガストロノミー」のフォアグラのラビオリ、「ラ・メゾン・ド・ラ・トリュフ」のフォアグラと削った黒トリュフのタリアテッレがその代表だ。同じフュージョンの精神は、コロラド州デンバーの「ヴェスタ」が提供するフォアグラのパッパルデッレ［幅の広いリボン状のロングパスタ］

マンダリンオレンジのゼリーでフォアグラのムースを包んだ一品。シカゴの「フルトン・マーケット・キッチン」のシェフ、クリス・カレンが考案した。

にも見られる（この店は、新型コロナウイルスの流行による経済的打撃のため、2020年の夏に閉店した）。あるいは、ストックホルムの「ディヴィノ」では、パスタにフォアグラとイチジクを合わせている。

アジアの伝統料理も、同じようにフォアグラを受け入れてきた。オーストラリアのシドニーにあるレストラン「ミスター・ウォン」は、濃厚な味わいの点心としてフォアグラのエビトーストを考案し、高い評価を得た。ウルフギャング・パックの世界的に有名な「スパゴ」レストランのシンガポール店では、シンガポール人とマレーシア人の朝食の定番「カヤトースト」が、フォアグラを組み合わせることで高級料理に変わった。伝統的なカヤトーストは、トーストしたパンにカヤを塗ったもの。カヤはココナッツに卵を加えたジャムで、この地域にあるパンダンリーフ（スクリューパインとも呼ばれる）という植物の香りのよい葉も一緒に煮込む。「スパゴ・シンガポール」では、ブリオッシュをトーストしてカヤを塗った上に、表面を焼いたフォアグラのスライスをのせる。

日本の握りずしのネタにフォアグラを使ったものも、同じくらい高い評価を得ている。とくに、通常は網焼きまたは強火で焼いた鰻《うなぎ》を使うところで、代わりにフォアグラを使ったものがある。バンコクのすし店「青龍」では、表面をさっと焼いたフォアグラのスライスを飯の上にのせ、のりを巻いたものを、シソの葉にのせて提供する。やはり通常は鰻に使われる

フォアグラの握りずし。モリタチリと野菜キャラメルを合わせたもの。ワシントンD.C.の「パイナップル&パールズ」で、シェフのアーロン・シルヴァーマンが手がけた。

閉店したパリのレストラン「センシング」のシェフで、ミシュランの星を獲得したギィ・マルタンは、焼き目をつけたマグロにフォアグラを詰めた。

のと同じ、甘辛いソースでつやを出す。

もっとも野心的なフォアグラの創作料理のいくつかは、分子料理学を用いたものだろう。ニューヨークの「モモフク・コー」では、自由奔放なシェフ、デイヴィッド・チャンの手により、フォアグラが降ったばかりの雪のように変わった。トルション（フォアグラを丸ごと布に包んで円筒形に成形したもの）を凍らせ、それを小さなかんなで削り、ライチの小さなパイ、松の実のブリトル［ナッツを加えたキャラメル生地を固めたキャンディ］、リースリングのゼリーの上に山をつくるように盛る。

あるいは、写真共有サイト「ピンタレスト」の写真で広く知られるようになった、「フォアグラの灰をのせたクリスタルブレッド」もある。スペインのバスク地方のシェフ、エネコ・アチャが、ビスカヤ県にあるミシュラン三ツ星レストラン「アスルメンディ」で提供しているものだ。フォアグラの灰をつくるには、生のフォアグラの筋や血管を取ってきれいにしてから焦げ目がつくまで焼き、ブラックソルトで味つけし、型に入れて湯せんする。そのまま冷やし、細切れにして冷凍する。別にもうひとつのフォアグラをゆでて、なめらかなクリーム状になるまで混ぜたら、しぼり袋に詰める。最後に、オーブンで温めた特製の「クリスタルブレッド」（軽くてサクサクしているパンで、水晶のような質感になっている）を燻《いぶ》し、フォアグラのクリームをしぼってのせる。仕上げに、黒っぽいフォアグラの「灰」をクリー

グラント・アケッツがシェフを務めるシカゴの「アリニア」のメニュー。フォアグラ、イチジク、コーヒー、タラゴンが「シューター」と呼ばれる試験管のなかで層になっている。

ムの上にすりおろし、カーネーションの花びらを飾る。[1]

シカゴ料理界の風雲児グラント・アケッツは、食材を分解したようなフォアグラ創作料理の「シューター」で注目を浴びた。この料理は、さまざまな材料を試験管に入れて提供する。また、鴨の肉とフォアグラを綿の枕の上に盛りつけ、ナツメグの香りがする空気を綿に注入するという独創的な料理も考案した。客が料理を楽しんでいるあいだに、枕からゆっくりと空気が抜けて、かすかな香りが漂う。もうひとり忘れてはいけないのは、ワイリー・デュフレーヌだ。彼は、いまはもう閉店してしまったレストラン「wd〜50」と「アルダー」で、「フォアグラとのたわむれ」をどれほど楽しんでいたかを、愛情たっぷりに話していた。非営利団体が運営する料理学校ザ・カリナリー・インスティチュート・オブ・アメリカのテッド・ラッシンとのコラボレーションで、デュフレーヌは食品のポリマー(高分子化合物)を使って、「空気を含ませた」フォアグラをつくり出した。見かけは発泡断熱材に少し似ている。彼は「巨大なかたまりを出して、とびきり高い空気代を請求する」こともできる、と冗談を言った(2)。

◉フォアグラとファストフードの出合い

20世紀の終盤から21世紀初めにかけて、食の風景は世界への関心と認識の深まりを反映するようになった。航空機による旅が手軽になったことや、インターネットの普及が大きな要因だ。それが、前述の「フュージョン」料理の隆盛をもたらした。異なる文化の伝統料理と現代的な料理技術を組み合わせたものだ。同時に、超一流の高級レストランのなかにも、よりカジュアルな雰囲気になり、食事客がジャケットとタイやフォーマルドレスをやめて、リラックスできる服装でやってくる店が増えた。その変化によって今度は、ハンバーガーやホットドッグ、ピザなどの日常的な食べ物が――もちろん高級化したバージョンで――一流レストランのメニューに載るようになった。

当然ながらフォアグラはそうしたトレンドにおいても主役だった。そのもっとも称賛された料理が2001年に登場した。この年、有名フランス人シェフのダニエル・ブールーがニューヨークのマンハッタンのミッドタウンに「dbビストロ・モダン」を開店した。この

ロンドンのガストロパブ「ザ・ドラフト・ハウス」の、表面を焼いたフォアグラをのせたミニバーガー

店でつねに絶賛されていたのが、「dbバーガー」だ。当初は29ドルという驚くほど手頃な値段で提供されていたが、のちにインフレとともに値上げされた。バンズには、パルメザンチーズ、ブラックペッパー、ポピーシード入りの特製パンをフライパンで焼いたものを使う。そして、こちらも特製ブレンドのひきたての牛肉を分厚い円盤型にして、直火ですばやく表面を焼いてオーブンで仕上げをする。真ん中に入れる材料が、ほかのバーガーとの最大の違いだ。薄切りにしたフォアグラのトルションを、きざんだ黒トリュフ、香りのよい野菜とハーブを加えた赤ワインで煮込んだショートリブの細切れとオックステールで取り囲む。ディジョン・マスタード、マヨネーズ、すりおろしたホースラディッシュ

少々、トマトのコンポートを添えると、シェフご自慢の「バーガーのロールスロイス」ができ上がる。ブールーのロンドンの店「バー・ブールー」も、同じバーガーをメニューに載せている。(3)

この大西洋をまたいだメニューが示すように、フォアグラとバーガーの組み合わせは世界的な流行になった。その特筆すべき例として、フォアグラのバーガーは政治の世界にさえ、ちょっとした話題をふりまいた。2017年1月20日、フランス人シェフ、ローラン・トゥーロンドルの「BLTステーキ」東京・銀座店が、第45代アメリカ合衆国大統領の就任を記念して、「トランプ・バーガー」をデビューさせたのだ。最高級の牛フィレミニヨンのひき肉を使ったパティに、表面を焼いたフォアグラ、削った黒トリュフ、くし形に切ってキャラメリゼしたリンゴを美しくアレンジしてのせ、新大統領の波打つようなヘアスタイルをイメージしたものだった。

アメリカを象徴する食べ物として、ホットドッグも負けじとフォアグラを受け入れた。シカゴの「ホット・ダグズ」は評価の高い人気のホットドッグスタンドで、2004年に最初の店が火事で焼け、第2の店舗も2014年に閉店するまでは、地元でも全米でも、多くのレストランガイドで推奨されていた。数あるメニューのなかでもとくに有名だったのが、鴨肉とフォアグラとソーテルヌワインのソーセージをホットドッグパンにはさみ、フォアグ

素朴な屋外クッキングに優雅さをミックスし、硬材の炎の上で焼いた生牡蠣にフォアグラをのせている。フランス南西部のアルカション湾にある「アンデルノ＝レ＝バン」で。

いまはなきシカゴの「ホット・ダグズ」では、フォアグラを使ったホットドッグを提供していた。

ラのムースと黒トリュフ入りアイオリソース［ニンニク、卵黄、オリーブオイルでつくるマヨネーズに似たソース］をトッピングしたものだった。もっとも、このメニューは、創業者のダグ・ソーンが、２００６年４月から２００８年５月まで続いたシカゴ市内でのフォアグラ禁止を提案した市会議員を嘲って、フォアグラ入りホットドッグの名前をその議員の名前の「ジョー・ムーア」に変更したことにより、レストランに悪評を与えもした（フォアグラを販売したことにより２５０ドルの罰金も科された）。「ホット・ダグズ」の閉店後、ソーンはシカゴのもうひとつのホットドッグ店「ドッグ・ハウス」オーナーのアーロン・ウルフソンに、フォアグラをのせたホットドッグをメニューに加える許可を与えた。ウルフソンはこのメニューを、考案者に敬意を表した「ホット・ダ

グ」の名前にした。(4)

肉と相性のよいジャガイモに関しては、一般的に使われるバター、クリーム、サワークリーム、チーズと同じくらい、フォアグラも濃厚さを加えるのに適している。意識の高い多くのシェフたちが、溶かしたフォアグラをマッシュポテトに加えたり、表面を焼いたフォアグラのスライスをクリーミーなジャガイモのピューレにのせたりしている。ジャガイモとフォアグラの組み合わせの代表は、カナダのモントリオールのビストロでさまざまな形で提供されている料理かもしれない。これらの店の定番メニュー「プーティン」は、クレープの上にフライドポテトをのせ、チーズカード（フレッシュチーズ）とグレイビーソースをかけたものだ。しかし、マーティン・ピカードの人気店「オ・ピエ・ド・コション」では、その定番のプーティンは選択肢のひとつにすぎない。この店ではじつにクリエイティブだが、気軽に食べられるカジュアルなメニューの数々で、フォアグラを使っている。

ハンバーガーやプーティンにのせたり、塩味のパイの具材にするほか、「プローグ・ア・シャンプラン」にもフォアグラを使っている。これは、そば粉のパンケーキに、ジャガイモ、目玉焼き、カナディアンベーコン、フォアグラを高く盛り上げた料理で、煮詰めたメープルシロップをかける。(5)

こってりしたフォアグラと土の香りがするジャガイモの相性のよさから、高級ポテトチップスが生まれた。スペインのカタロニアのこのスナックメーカーは、フォアグラのほかにキャビア、スパークリングワイン、イベリコ豚のハム、黒トリュフなどの高級フレーバーのポテトチップスも出している。

ピカードの挑戦に応じるかのように、モントリオールのシェフ、デイヴィッド・マクミランとフレデリック・モリンが、「フォアグラ・ダブル・ダウン」と名づけた料理を考案した。ケンタッキー・フライド・チキン（KFC）の特別メニューを彼らなりにアレンジしたものだ。もとのKFCのメニューでは、骨なしチキンの胸肉を揚げたものをパン代わりにして、カリカリのベーコン、チーズ、ソースをはさむ。シェフふたりがその高級メニューとして考えたものは、生のフォアグラの丸々としたローブ「フォアグラはふたつのローブ（房）がつながった形をしている」2枚をしっかり味つけした衣で覆って「チキンのように揚げ」、ベーコン、チェダーチーズ、鶏の皮、マヨネーズ、メープルシロ

ップをはさみ込む。部分的にアルミホイルで包み、具材が散らばるのを防ぎ食べやすくしている。(6)

フォアグラと人気のカジュアルフードのマリアージュを想像してみれば、可能性は無限に広がる。殻にのせて網焼きした牡蠣、丸々としたホタテの串焼き、あるいはふたつに開いたロブスターの直火焼きに、フォアグラのスライスをトッピングしたものも現れるかもしれない。

フォアグラはピザの上にも進出した。たとえば、ニューヨークの「インダストリー・キッチン」のメニューには、「24Kピザ」がある。一般的な丸いピザ生地にホワイト・スティルトン・チーズ［イギリス原産のチーズ。ブルー・スティルトンと違って青カビが入らない］、フォアグラ、オシェトラ・キャビア［ロシアチョウザメからとるキャビア］、トリュフ、純金の金箔、そして、繊細な赤いバラの花びらを数枚のせている（価格は２０００ドル。48時間前までの注文が必要で、おそらくは前払い）。

イスラエルのテルアビブの労働者階級地区ハティクヴァにあるレストラン「アバジ」では、別の種類の平たい円形パン――伝統的なイラク風の「ラファァ」と、それより少し小さめの、地中海東部と中東ではピタの名前で知られる「ポケットパン」――が、フォアグラをのせて運ぶために使われている。この店では、ガチョウのフォアグラの厚切りを串に刺し、直火ですばやく焼いて、スモーキーで表面をパリっとさせたものを、客の好みでフムス［ヒヨコ豆をペーストにした中東の伝統料理］、ピクルス、サラダとともに温かいパンにはさむ。いまではイスラエル中のカジュアルレストランが後追いをして、同様のメニューを提供している。

ラテン料理も、フォアグラと伝統的な料理をカジュアルでクリエイティブな方法で組み合わせた。２０１４年にフランスで開催された「ボルドー・ワイン祭り」では、隔年でボルドーと交互にワイン祭りを開いている姉妹都市ロサンゼルスの代表として、ジョン・リヴェラ・セドラーが料理デモのイベントに臨んだ。フォアグラ、ミニ野菜、プルーンなどフランス南西部の食材を使ってほしいとの依頼を受けて考えたのが、故郷のニューメキシコの伝統を取り入れた料理だった。彼は、紫トウモロコシのトルティーヤでつくるソフトタコスに、焼いたフォアグラ、ソテーしたニンジンとズッキーニをのせ、プルーンを添えたものに、チリ、ナッツ、スパイス、ダークチョコレートを混ぜて長時間煮詰めたメキシコ伝統のソース「モーレ・ポブラーノ」をかけた。大部分がフランス人の見物客は、彼の自由でクリエイティブな料理を、大歓声と温かい拍手で称賛した（巻末のレシピ集に、この料理をシンプルにした家庭料理バージョンを掲載している）。

斬新な料理に挑戦できる催事の雰囲気に触発されて生まれた、さらに興味深い高級料理として、「フォアグラの綿菓子」もある。これは高名なシェフで人道主義者のホセ・アンドレが考案したもので、彼は若い頃、スペイン・カタロニア地方ロザスの、いまはもう閉店した「エル・ブリ」の厨房で、伝説のシェフ、フェラン・アドリアのもとで3年働いていた。分子料理学の発祥の地としていまも変わらずあがめられている店だ。ロサンゼルスの「ザ・バザール・バイ・ホセ・アンドレ」のメニューのなかでもとくに話題になったのは、ロリポップ（棒つきキャンディ）サイズのフォアグラのナゲットで、それぞれに棒を刺し、ふんわりした綿あめで包み、砕いたコーンナッツをまぶしている。コーンナッツは南米の伝統的なスナックのアメリカでのブランド名で、トウモロコシをトーストしてカリカリにしたものだ。奇抜なアイデアに聞こえるかもしれないが、この組み合わせは実際には、伝統的なフォアグラ料理と同じくらい相性がよい。濃厚でクリーミーなレバーが、軽い食感の甘い綿あめとコーンナッツの気取らないサクサク感で引き立てられ、完璧なコンビネーションになるのだ。

同様に、フォアグラはスイーツの材料としても現代のシェフを刺激し、想像力豊かなメニューが考案されてきた。ロンドンの「ダック・アンド・ワッフル」の総料理長ダニエル・バルボサは、フォアグラ・クレーム・ブリュレにサクサクに揚げた豚肉とマーマレード・ブリオッシュを添えたものを、小皿料理の終日メニューのひとつにしている。甘いカスタードクリームの上に焦がしキャラメルが薄い層になった、魅力的なスイーツをイメージしたものだ。同じテーマのバリエーションは数え切れないほどありそうだ。フランス人シェフで作家でもあるベルトラン・シモンのウェブサイトでは、祝日用のレシピとしてフォアグラ・クレーム・ブリュレのイチジク添えを紹介している[7]。

フォアグラを単純においしい脂肪分として、デザートのメイン食材にすることを考えてみれば、選択肢が万華鏡のように花開く。ほんの少しインターネットで検索してみるだけでも、世界中のフォアグラ・デザートが見つかる。フォアグラ・チョコレート・トリュフ、フォアグラ・マカロン、フォアグラ・パンナコッタなどなど。

アメリカのシェフたちはといえば、近年になって、フォアグラをキャンディバーやチョコレートバータイプのお菓子にすることにとりつかれてきたようだ。シカゴ料理界のふたりのスター、最先端のカクテルバー「ジ・エイビアリー」のグラント・アケッツと、「ロイスター」のアンドリュー・ブロシュは、どちらも昔ながらのチョコレートバーを特別に興奮させるものにした。アケッツは、マース社のチョコレートバー「スニッカーズ」のキャラメル、ピーナッツ、チョコレートに、フォアグラを加えて濃厚な味わいにした。ブロシュが考え出した、キャラメル、チョコレート、ピーナッツバター、ピーナッツ、プレッツェルで、ねっとりのなかにカリっとする食感を加えた組み合わせも、アメリカの「テイク5」のチョコレートバーに似ている（「テイク5」は、もとはハーシーのブランドだったが、現在はリーセスのブランド名で売られている）。ほかにも、アメリカ中のシェフたちが、独自のチョコレートバーを考案した。たとえば、サウスカロライナ州チャールストンの「マクレイディーズ」で、シェフのショーン・ブロックとパティシエのケイティ・キーフが手がけた「フォアチャマカリット」は、1970年代からあるチョコレート菓子「ワッチャマカリット」に遊び心を加え、カロライナゴールド米のポン菓子、キャラメル、ピーナッツチョコに、燻して塩気を強くしたフォアグラを組み合わせている。あるいは、クリス・ヘイシンガーが料理長を務めるラスベガスのアリア・リゾート・アンド・カジノのレストラン「セイジ」では、塩・コショウ入りピーナッツバターにフォアグラを加えて乳化させ、ミルクチョコレートでコーティングしたものに、バーボンキャラメルと麦芽入りシャンティクリームのソースを添えて提供している。(8)

彼らよりはもう少し正統派の、オレゴン州ポートランドの「ショコラトル・ド・デイヴィッド」のシェフ兼ショコラティエのデイヴィッド・ブリッグスは、定番のヘーゼルナッツチョコのスプレッド「ヌテラ」をもじって「フォアテラ」の名前をつけたフォアグラとチョコレートのスプレッドと、フォアグラ・チョコレートバーを考案した。後者は、2011年にはじめて商品ラインナップに加えたもので、「テンパリングしたチョコレートに、乳化させた香り豊かな脂肪を加えるために考え出したテクニックから生まれたもの。この組み合わせがうまくいき、口当たりと食感が絹のようになめらかになった」という。(9)

ポートランドの「ショコラトル・ド・デイヴィッド」のシェフ、デイヴィッド・ブリッグスが考案した「フォアテラ」スプレッド。フォアグラとチョコレートの甘美な組み合わせ。

高級アイスクリームは、多くのデザート好きに愛され、最近ではブティックスタイルでカスタムメイドのフレーバーを提供する専門店が世界中で注目を集めている。こうしたアイスクリーム店のいくつかも、メニューにフォアグラを含めたいという誘惑に抵抗するのはむずかしかったようだ。といっても、ここで紹介したいのは、フランス人シェフのクロード・ボシが以前にロンドンのレストラン「ハイビスカス」でオードブルとして提供していたようなものではない。これは、温かいブリオッシュのエマルジョン（とろみのあるソース状にしたもの）に風味豊かなフォアグラのアイスクリームを浮かべ、バルサミコ酢をかけたメニューだったが、これについては、料理評論家のマーク・パーマーが『ザ・テレグラフ』紙で、「素材が台無し」と酷評した。[10] 私が思い浮かべているのは、パリのアイスクリーム専門店「メゾン・ファビアン・フェニックス」で出合うフォアグラのシャーベットや、フランス北部のコーモンのコミューンで、「メートル・アルティザン・グラシエ」の称号（卓越した技術をもつアイスクリーム職人に贈られる称号）をもつフィリップ・フォールが提供するフォアグラのアイスクリームのような、デザートスタイルのメニューのことだ。シェフのサム・プロトニックがシカゴのレストラン「テンポリス」で出しているフォアグラのアイスクリームは、卵たっぷりで外側がキャラメリゼされたボルドーの焼き菓子「カヌレ」、黒ゴマ、ソーテルヌワイン、パッションフルーツが添えられている。また、しばしば奇抜なメニューを発表す

サンフランシスコの「ハンフリー・スロコム」のフォアグラとチェリーのアイスクリーム

ることで知られるニューヨークのブルックリンのアイスクリームショップ「オッドフェローズ」では、サム・メイソンがフォアグラとピーナッツバターとココアを混ぜたアイスを考案した。

しかし、おそらくもっとも話題に上ったフォアグラのデザートは、サンフランシスコの「ハンフリー・スロコム」のフォアグラフレーバーのアイスだろう。この店名は、創業者のジェイク・ゴッドビーがいたずら心から、イギリスの連続テレビコメディー番組『アー・ユー・ビーイング・サーブド?（Are You Being Served?）』へのオマージュとして名づけたものだ（この番組にはミスター・ハンフリーズとミセス・スロコムという登場人物がいる）。2008年の開店当初には、フォアグラのフレーバーは存在しなかったが、ウェブサイト上で将来追加されるかもしれないメニューのリストに挙げられていた。やがて実際に商品化したときには、ローテーションで提供されるフレーバーとして時々メニューに加わった。最初は2枚のジンジャースナップクッキーにはさんだ、小さな「フォアグラ・サミー」だけで、ときおり、ジンジャースナップのかけらをトッピングしたサンデーや、「フォアグラ・チェリー」という、アイスクリームに果肉たっぷりの甘い果物を加えたバージョンも登場した。

ウェブサイトでフォアグラのアイスがいつの日か登場するかもしれないフレーバーとして最初に言及されてからというもの、「ハンフリー・スロコム」はベイエリアの食通たちのあいだで大きな注目を集めた。それとともに、動物愛護活動家の反発を引き起こし、殺人の脅しさえ舞い込んだ。ゴッドビーは、共同オーナーのショーン・ヴァヘイと、『サンフランシスコ・クロニクル』紙の「インサイド・スクープ」欄担当のコラムニスト、パオロ・ルッチエージとの共著『ハンフリー・スロコム・アイスクリームブック』のなかで、脅迫を受けたことを明かした。

われわれは反フォアグラのメーリングリストに載り、誤った情報が山火事のように広まった。ヴィーガンの連中はインターネット上で、われわれに向けた反対運動を開始した。フォアグラをボイコットするように要求する電話もひっきりなしにかかってきた。

その数は、われわれふたりがそれまでの生涯で受けてきた電話の数を優に上回っていた。「ハンフリー・スロコムに死を」というウェブサイトがあり、ジェイクの写真は顔に赤丸がつけられ、線で消されていた（ジェイクの母親はこれを見て泣き悲しんだ！）。殺人の脅しさえ受け取った。臆病者たちが匿名で、われわれが死ぬまで、攻撃を続けようとしていた。まったく不愉快だ。

このすべてが、われわれがまだフォアグラのアイスクリームを売り始める前に起こったことだ。

それでわれわれはどうしたか？　これで実際にフォアグラのアイスを出さざるをえなくなった。ジェイクは何かをしてはいけないと指図されることが大嫌いなのだ[11]。

彼らのフォアグラフレーバーのアイスクリームへの反発、それにとどまらず、カリフォルニアのすべてのレストランや家庭でフォアグラ料理をつくることへの反対運動は、２０１９年１月に法的な決着がついた。アメリカ連邦最高裁判所が、カリフォルニア州が以前に出したフォアグラ禁止令の撤回を求めるシェフや生産者側の訴えを棄却したのだ。これによって、カリフォルニア州でのフォアグラの販売や生産は違法になった。

ところで、いまや禁じられたフォアグラのアイスクリームは、実際にはどんな味がしたのだろう? エイミー・エッティンガーは、著書『スイート・スポット――アメリカのアイスクリーム・ビンジ *Sweet Spot: An Ice Cream Binge across America*』のなかで、フォアグライスのサンドイッチを味見してみた感想をこう書いている。

口のなかに入れると、まずクッキーのショウガの香りがした。ひとかじりすると、フォアグラの、ほかの何とも比べられない食感がやってきた。鴨の脂肪が舌の端を覆う。塩キャラメルにも少し似た味がする。しばらく口に含んだままにして温めた。そうすると、わずかにけものくさかった風味が味わいやすくなった。(12)

エッティンガーの夫ダンは、アイスサンドをひとかじりしたあとの簡潔な感想として、「キャラメルのパテという表現がぴったりの味」と、彼女に伝えた。

その表現は、ニュースサイト『ハフポスト』が「グルメ・フォアグラの風船ガム」という一風変わった商品を評価するために開いた試食会の参加者が使ったものとは決定的に異なる。2010年代の初めから半ばまで、ノベルティショップやインターネットで一定期間販売されていたこのガムは、「われわれは奇抜なものをつくる」をキャッチフレーズに掲げるワシントン州シアトルのアーチー・マクフィーという会社の商品だ。この愉快で風変わりな主

アーチー・マクフィー社のノベルティ商品「グルメ・フォアグラの風船ガム」。材料にフォアグラは使っていないが、昔のフォアグラのパッケージを思い起こさせる。

張は、この会社が送り出すさまざまな商品に反映されている。おなかを押すと鳴き声を上げるゴム製の「ラバーチキン」、ワインのボトルにはかせるパンツ、さらにはディルのピクルスのフレーバーのミント、ベーコン風味のジェリービーンズもある。フォアグラのガムは、昔のフランス産フォアグラのポスターに出てくるような缶入りで、人工的に味をつけたガム自体が、うっすらと緑がかった、びっくりするような色をしている。本物のフォアグラはいっさい使っていない。

いったいどういうわけで、こんな商品が生まれたのだろう？「おふざけ用のアイテムさ」と、アーチー・マクフィー社の「びっくりディレクター」の肩書をもつデイヴィッド・ウォールは説明する。

この商品は、フォアグラを大衆に広めるようでいて、実際には、すでにフォアグラがどんなもので、どんな味かを知っている人たちの興味を引く。だから、食通たちがお互いにギャグとして贈り合えるようなデザインにしている。びっくり顔のガチョウの絵が缶に描いてあるのも、その効果をねらったものだ。(13)

味はどうかといえば、『ハフポスト』の試食会の参加者からはいくぶん当惑したような感想を引き出した。「海藻みたい」「いくらかレバーっぽい」「甘すぎて、言葉では表現できないにおいがする」などだ。しかし、ある参加者は最終的に「少なくとも、たしかに格調高い感じはした。ハチミツのような甘さがある」と判断した。しかし、公平を期していえば、商品の説明自体に、シンプルに、この商品を買う人は「贅沢なフランス料理を思わせる味がかすかに感じられるだろう」と書いてある。(14)

第3章◉芸術と大衆文化のなかのフォアグラ

理由は何であれ人々の心をとらえる物や主題はすべてそうだが、フォアグラもまた、写実的、象徴的、比喩的な形で、芸術と大衆文化に取り込まれてきた。もちろん、その文化的な先例は、鳥に無理やり餌を食べさせるようすが最初に描かれた、エジプトのピラミッド時代の墓のフリーズにさかのぼる（第1章の説明と図版を参照）。フォアグラ用のガチョウや鴨はほかにも、日常生活を芸術的に表現したモザイクや石の彫刻などの形で、古代から題材にされてきた。そして、おそらく文学に登場した最初の例となったのが、ホメロスの『オデュッセイア』のなかで、変装して戻ってきたオデュッセウスに妻ペネロペが語る夢の話だ。

フォアグラは古代から現代まで、想像力の源泉であり、文学、美術、音楽のモチーフでもあった。それがよくわかる例をいくつか紹介しよう。

レオン・ボンヴァンの水彩画『ラディッシュとパテのある静物』（1864年）。パテにフォアグラが使われている可能性が高い。

◉文学のなかのフォアグラ

創作意欲を刺激するフォアグラの力は、近代になっても衰えはしなかった。イギリスの聖職者で随筆家でもあったウィットに富む才人、シドニー・スミス（1771〜1845）は、その極上の味わいを、友人で作家仲間のヘンリー・ラットレルの印象的な言葉を借りて称賛した。「私の天国のイメージは、トランペットの音を聞きながら、フォアグラのパテを食べているというものだ」

アイルランドの風刺作家トーマス・ムーアは、1818年の韻文小説『パリのファッジ家 *The Fudge Family in Paris*』で、フォアグラを絶妙な付け合わせともいえる形で文学作品に取り入れた。イギリスのある一家がナポレオン戦争後の「光の都」パリで、きらびやかな生活を過度に楽しんでいることをコミカルに批判する一節で、「小鳥たちはキジのように飛び回り／ガチョウはみな肝臓に不満を抱えて生まれてくる」と表現した。これが何を意味するかよく理解できない読者のために、あるいはこの美食を自分でも味わってみたいと望んだかもしれない読者のために、ムーアは脚注でさらに説明している。「不幸なガチョウの肝臓は、あらゆるごちそうのなかでもとくに贅沢なフォアグラをつくるために肥大させられる。ストラスブールやトゥールーズのパテがとくに有名だ」

20世紀初期のイギリス帝国のもうひとりの韻文詩人、イギリス系カナダ人のロバート・W・サーヴィスは、ユーコン準州のゴールドラッシュに触発されて書いた詩、とくに、「サム・マクギーの火葬 The Cremation of Sam McGee」で名声を得た。彼の「バルジの戦い The Battle of the Bulge」という詩は、クルーズ中に調子に乗って食べすぎたことを反省し、もうこんな無節制はしないと誓う内容で、贅沢な食材の代表として、フォアグラを登場させている。「フォアグラのパテの厚切りに向かい、美食に溺れないことを誓う／わが美食の欲求はブランとカッテージチーズで満たそう」

おそらくフォアグラへの言及でもっとも称賛された文学表現は、1851年に出版されたアメリカの名作『白鯨』だろう。著者のハーマン・メルヴィルは、65章の「美食としての鯨肉」のなかで、一般大衆が鯨肉を食べることに対して抱く嫌悪感を論じる背景として、フランスのフォアグラ生産における、すでに時代遅れになった、間違いなく残酷な習慣に触れた。

土曜夜の食肉市場に行けば、ずらりと並ぶ死んだ四つ足動物を見上げる、二つ足動物の群れを目にする。その光景は人食い人種の度肝を抜くのではないか？　人食い人種？　人食い人種ではない者などいるだろうか？　あるフィジー人は来たるべき飢饉に備えて、

ユーモリストの詩人ロバート・W・サーヴィス。「バルジの戦い」という詩で、フォアグラを断つと誓った。

やせた伝道者の塩漬けを貯蔵庫に保存しておいた。そのつましいフィジー人のほうが、ガチョウを地面に釘づけし、大量の餌を与えて肝臓を膨らませ、フォアグラのパテにして食べるような文明国の食通たちよりも、最後の審判の日には、ずっと罪が軽かろうと思われるのだ。

SF小説でも、たとえばアイザック・アシモフの短編小説の傑作「金の卵を産むがちょう」[『アシモフのミステリ世界』所収。深町眞理子訳。早川書房。１９８８年]は、太らせた肝臓から着想を得ている。物語はアシモフが科学者の友人のために書き上げたレポートという形をとる。その友人は、テキサスの綿花農場で飼っていた1羽のガチョウが純金の卵を産んだという、困惑すべき事件を調査するように依頼されていた。作品のタイトルであるフォアグラのパテよりも[原題はPâté de Foie Gras]、はるかに価値の高い副産物だ。さらなる調査の結果、このガチョウの肝臓は小さな原子炉になっていて、酸素18の同位体を使って、鉄56同位体を金１９７同位体に変換するのだと明らかになる。しかし、もちろん、プロセスをそれ以上分析しようと思えば、「金の卵を産むガチョウ」を殺してしまう可能性が高い。アシモフ自身は小説のなかでその謎を解き明かしはしなかったが、それから何年にもわたって読者からの推理を募っていた。

驚くことではないが、フォアグラの官能的なイメージは、現実世界ではもちろん、多くの文学の求愛のシーンで使われてきた。サマセット・モームの1944年の小説『剃刀の刃』は、ロマンチックにフォアグラを表現したもっとも有名な作品のひとつだ。登場人物のエリオット・テンプルトンは、姪のイザベル・ブラッドリーが婚約者のラリー・ダレルをピクニックに誘って結婚の意志を探ろうとしていると知り、弁当にはフォアグラを含めるように言う。エリオットは、姪が提案するスタッフド・エッグとチキン・サンドイッチだけでは、事はうまく運ばないだろうと明言する。

まったく話にならない。フォアグラのパテなしのピクニックなど許されるものか。まずはカレー風味のエビ、鶏の胸肉のゼリー寄せ、そしてレタスの芯のサラダだな（サラダ用のドレッシングは私がつくってやろう）。パテのあとには、まあ、そこはアメリカの習慣にしたがって、アップルパイを出してもいいだろう。(1)

ここ数十年の料理をテーマにした小説では、現代のグルメ現象を反映して、主人公が情熱的である証拠としてフォアグラが描かれるようになった。たとえば、N・M・ケルビーの2011年の小説『冬の白トリュフ *White Truffles in Winter*』では、伝説のフランス人シェフの恋愛模様を描いた架空の物語に、フォアグラを登場させないわけにはいかなかった。

エスコフィエは、もし彼にサラのハートを射止めるチャンスがあるとすれば、トリュフとフォアグラのピューレを使った料理しかないとわかっていた。彼女がよく好んで食べていた料理だ……

これは、じつにシンプルだが、それでも贅沢な料理だった。(2)


同様に、フォアグラはほかの現代小説のなかでも、情熱を表現するものとして登場する。1999年の小説『ショコラ』(同タイトルで2000年に公開された映画はアカデミー賞にノミネートされた)が代表作となったイギリスの作家ジョアン・ハリスは、このベストセラー作品の続編である2007年の『ロリポップ・シューズ *The Lollipop Shoes*』(アメリカでは翌年に *The Girl with No Shadow* のタイトルで刊行された)で、フォアグラを魅惑的に取り込んだ。「コースの二皿目は、甘いフォアグラ。薄切りトーストの上にフォアグラのスライスをのせ、マルメロとイチジクを添えている。この料理の魅力は小気味よい食感――たとえば、ちょうどよい温度のチョコレートをかじったときの感じ――と、口のなかでゆっくりと溶けていくフォアグラだ(3)」

それより露骨にエロティックなものとしては、ジェシカ・トムが2015年の小説『美食と嘘と、ニューヨーク』［小西敦子訳。河出書房新社。2016年］のなかで、フォアグラを食べたときの刺激的な感覚を書き表している。

私はフォアグラを口蓋にこすりつけた。ねばりつくように、しばらくそこにとどまり、やがて溶けてなくなる。その味が体をかけめぐる。ぬるりとして、奔放で、刺激に満ちたなめらかさが、すべるように、強く突くように、叫ぶように、のどを通っていった。(4)

ジョン・エドガー・ワイドマンは高く評価されているアフリカ系アメリカ人作家で、「太った肝臓 *Fat Liver*」という、241語から成る骨太の「マイクロ・ストーリー」を書いている。この作品では、フォアグラは現代アメリカの誇示的消費を象徴する複雑なメタファーとなり、途中で、黒人居住区における食の不平等、国の石油への依存、そして、携帯電話への依存が電子の情報の詰め込み、つまり、電子の強制給餌にも等しいものになっている問題に触れている。この短い物語の名もない登場人物は、こうした憤慨すべき状況と照らし合わせ、「鴨やガチョウに無理やり餌を食べさせることが犯罪になったところで、そんなことは知ったことか」と、切って捨てる。(5)

しかし、数あるフォアグラへの言及のなかでもとくに引用が多いのは、20世紀のハンガリー出身のイギリスの政治ジャーナリストで作家のアーサー・ケストラー（1905〜1983）による絶妙な切り返しかもしれない。スターリン主義を生き抜き、ソ連の台頭やスペイン内戦、第二次世界大戦ほか、激動する世界情勢をレポートし、賞の受賞経験もある彼は、文学界の著名人たちに強い偏見を抱いていた。その態度は彼の次の文章にまとめられる。「作品が好きだからという理由で著者に会いたいと望むのは、フォアグラのパテが好きだからガチョウに会いたいと言うのと同じくらいばかげている」

◉美術のなかのフォアグラ

美術史の長い年代記をさかのぼって探してみても、古代エジプトのフリーズや、ペストリー生地で包んだテリーヌを解説している古い料理本の緻密な図版を別にすれば、フォアグラを題材にしたものは、静物画でさえあまり多くはないだろう。もちろん、狩ったばかりで、まだ羽をむしられていない状態の鴨やガチョウ、あるいは、だらりとした死んだ家禽を置いてあるようすを描いた絵画なら、たくさん目にするだろう。しかし、生でも調理したものでも、フォアグラをシンプルに描いた作品はあるだろうか？　答えはノーだ。その理由もはっ

クロード・モネの『草上の昼食』(1865～66、キャンバスに油彩)。ピクニックの敷物の中央にあるパイ包みパテのなかには、おそらくフォアグラが隠れている。

きりしている。淡いピンクがかった肉のかたまりは、必ずしも画家の想像力を刺激しない。たとえば、殻を外した牡蠣や、大食漢がかぶりつきそうなレアのローストビーフとは異なる。

それでも、もっとよく調べてみれば、時々はフォアグラを描いたものが見つかり、目立たない形ながら美術史に一定の役割を果たしてきたと気づくかもしれない。おそらくその代表例は、モスクワのプーシキン美術館で目にできる作品だろう。そこに、クロード・モネが1865年から1866年にかけて描いた『草上の昼食』がかかっている。それより2年か3年早く、エドゥアール・マネが同じタイトルで描いた、もっと有名で物議をかもした作品と混同しないでほしい。モネの作品は裸の女性を前面に描いて目立たせてはいない。その代わりに、画面の同じような場所に配置されたピクニック用ブランケットの上には、落ち着いた色合いだが美しいパテのパイ包みが見える。パイ生地はみごとな飾り模様がほどこされ、おいしそうな焼き色に仕上がっている。

なかにどんな肉が詰められているかについては、推測するしかない。しかし、さまざまな証拠を考え合わせると、フォアグラが入っていたのではないかと思われる。芸術に対するのと同じくらい、モネはおいしい食べ物に目がないことで有名だった。クレア・ジョイスはよく調べ上げた料理本『モネの食卓』［吉野健監訳。日本テレビ放送網。2004年］のなかで、「おいしいとしか言いようのないマニアックな食べ物を出すのがもっとも安全だった」と書いている。そのなかにはアルザス地方から運ばれてきた信頼できるフォアグラも含まれていた。おそらく、供給が安定していたペリゴール産の黒トリュフと、贅沢なペアを組んでいただろう。(6)

このように目を順応させていけば、ほかにもフォアグラが描いてある絵画を見つけられるかもしれない。たとえば、メリーランド州ボルティモアのウォルターズ美術館には、フランスの水彩画家レオン・ボンヴァンの『ラディッシュとパテのある静物』(1864年)がある。そこに描かれている2番目の食べ物にはフォアグラが含まれていると思われる。それ以降の数十年に描かれてきた静物画のなかの、数え切れないパイ生地で包んだ料理も、同じ宝物を隠している可能性が高い。

最近でも、フォアグラからインスピレーションを得た現代アートが見つかる。たとえば、アメリカの挑発的なシュールレアリズムの画家リー・ハーヴェイ・ロズウェルの2018年の作品、『フォアグラ(ダフィー・ダック)』だ。「アニメーションの再発想」と題した展覧会に出品されたこの作品は、筆を持つ画家の手が写真のようにリアルに描写され、その筆の先には、ひどく興奮したようすの漫画のキャラクターのガチョウを、姿をダブらせ、渦を巻くように描いている。おそらく迫りくる強制給餌を予期した反応なのだろう。よく見ると、絵のなかの画家の手には親指が2本ある。オンラインギャラリー「サーチ・アート(Saatchi

Art)」に掲載されている、イタリアの画家ダヴィデ・フィリッポ・チェッカロッシの油彩画『フォアグラ』も同じテーマで描いたもので、キュビズムとダダイズム、シュールレアリズムをスタイリッシュに融合し、ブルジョワの男性、雄牛、龍を一体化させた生き物がダイニングテーブルに着き、フォアグラをむさぼり食おうとしている。この絵は、現代の過剰な消費全般に対する批判なのか、それともとくにフォアグラに目を向けたものなのか？　現在の芸術界においては多くがそうであるように、答えは明示されておらず、鑑賞者の解釈にまかされる。

◉フォアグラと音楽

有名な作曲家や指揮者、名独奏者やオペラの歌姫らが、演奏後に高級レストランに集まり、シャンパンをすすり、キャビアとフォアグラをちびちびと口に運んでいる姿は想像しやすい。しかし、クラシック音楽界で、自分の名前にちなんだフォアグラ料理があると自慢できる者はほとんどいないだろう。その名誉が、19世紀のイタリアのオペラ作曲家ジョアキーノ・ロッシーニに与えられた。『セビリアの理髪師』や『ウィリアム・テル』、『オテッロ』などの作品は、現在もオペラカンパニーのレパートリーとして光り輝いている。

「トゥルヌド・ロッシーニ」は、偉大なフレンチのシェフ、アントワーヌ・カレームが、オペラのアリアを作曲していたロッシーニに敬意を表して名づけたものだ。アイラ・ブラウスが著書『クラシック料理——西洋音楽の料理史 *Classical Cooks: A Gastrohistory of Western Music*』で、フランスの料理史家ジャン＝フランソワ・レヴェルの言葉を引用して書いているように、ロッシーニはこのフォアグラをのせたステーキに関しては、細かいところまで調理の指示を出していた。

一見したところシンプルな料理だが、「トゥルヌド・ロッシーニ」には高級フランス料理のすべてが凝縮されている。まず、揚げたクルトンに肉の煮汁を注がなければならない。この料理の基本となる要素だが、ここからすでにむずかしい。次に、トゥルヌド（牛フィレ肉）の上にフォアグラのスライスとトリュフをのせ、マデイラ酒とトリュフのエッセンスを加えたデミグラスソースをつくる。現在のどこのレストラン店主が——比較的誠実なレストランでさえ——このトリュフのエッセンス入りデミグラスをつくれるだろう？(7)

料理史家のなかには、「トゥルヌド」という名称は、ロッシーニが細かいところまでこだ

オペラ作曲家のジョアキーノ・ロッシーニは美食家として知られ、フォアグラをのせたステーキに彼に敬意を表した名前がついた。

わるので、テーブル脇で料理を準備する給仕長が緊張のあまり、給仕中にこの作曲家に背を向けていたという事実に由来する、と主張する者もいる（フランス語でtourner le dosは「背を向ける」を意味する）。これほど空想的ではないものの、この言葉は、テーブル脇で料理を準備しているあいだ、席に着いて食事をしている人たちの後ろで、給仕たちが皿の受け渡しをしていたことにちなむ、と推測する者もいる。

偉大なフランス人シェフ、オーギュスト・エスコフィエの『料理の手引き』では、トゥルヌド・ロッシーニを全２９７３レシピ中の１１２６番として、ごく簡潔に調理の手順を説明している。ちなみにこの本の66のレシピがトゥルヌドのバリエーシヨンだ。

1126　トゥルヌド・ロッシーニ（牛フィレ肉のロッシーニ風）

トゥルヌドをバターで焼き、揚げたクルトンの上に、王冠のように盛る。

それぞれのトゥルヌドの上に、それより少しだけ小さい円形の薄切りにしたフォアグラをのせる。フォアグラは下味をつけ、粉をまぶし、バターで焼いておく。

フォアグラの上に、トリュフの薄切りを飾る。(8)

さあ、でき上がり！　本書巻末のレシピ集には、家庭でつくるときに必要となる、もう少しくわしい説明を加えたレシピを載せている。昔の高級料理のレシピにつきものの手間はあまりかからない。この料理を調理し食べているあいだに、ロッシーニのオペラを聞くのも悪くないだろう（ついでながら、エスコフィエのレシピでフォアグラに「粉をまぶす」とあるのは、当初はガチョウのフォアグラを使っていたためかもしれず、その場合に粉で覆うと形が崩れずにすんだからだ。ガチョウのフォアグラは鴨のものよりも、高熱の直火で焼くと溶けやすい）。

クラシック音楽界のエリートたちのあいだでフォアグラがもてはやされた証拠として、も

トゥルヌド・ロッシーニ。クルトンの上にステーキ、焼いたフォアグラ、黒トリュフのスライスをのせ、マデイラ酒とトリュフのソースをかける。

っと最近の例は、1977年9月18日の日付が入った、シンプルだが並はずれてエレガントな個人の手稿のなかに見つかるかもしれない。現在はアメリカ議会図書館アーカイブのレナード・バーンスタイン・コレクションに所蔵されている。その手稿はフランスの作曲家、教育者、指揮者、ピアニスト、オルガン奏者のナディア・ブーランジェのもので、彼女は90歳の誕生日の2日後に、かつての教え子で、いまや世界的に有名な指揮者で作曲家のレナード・バーンスタインに、再会を期待する手紙を書いている。

どこから始めましょうか？　フォアグラ、シャンパン、私たちをこんなにも長く結びつけてきた興奮に。ありがとう。心からの深い感謝を込めて。ご多幸を。

フォアグラの感情に訴える力が、これほど雄弁に、簡潔にまとめられたものはめったにない。

もっとも現代的な音楽表現でさえ、意外にも、フォアグラにインスピレーションを見いだしている。たとえば、アメリカのラッパー、アッシャー・ロスは2010年、DJレキナイズとともに制作した2作目のミックステープを、「シアード・フォアグラ・ウィズ・クインス・アンド・クランベリー Seared Foie Gras with Quince and Cranberry」（焼いたフォアグラに、マルメロとクランベリーを添えて）という注目を集めるタイトルで発表した。これはフォアグラ料理の典型的な組み合わせのように聞こえるかもしれないし、たしかにロスの前作のアルバム『アスリープ・イン・ザ・ブレッド・アイル Asleep in the Bread Aisle』（パンの通路で眠る）からは間違いなく高級食材にアップグレードしているが、ラップの歌詞には何であれ食べ物と関係した語句は出てこない。しかし、hiphopdx.comというウェブサイトの引用によれば、ロスはあるインタビューで、このタイトルには理にかなった結びつきがあると説明している。「ぼくがニューヨークに移った理由のひとつは、家族の近くにいるためだった」。彼はそのインタビューでそう語った。「両親が夕食のために街に出てきたときには、一緒にホテル・グリフーへ行った。（中略）新しいミックステープのタイトルは（中略）実際にグリフーのフォアグラにインスパイアされたものだ[9]」（ホテルとレストランは2012年に閉業したが、料理の写真はミックステープのカバーアートとして生き残っている）。そして、タイトルは少なくとも、seattlepi.comのクリス・カタニアなどの音楽評論家に、ユーモラスな切り口を提供した。カタニアはあらゆる言葉遊びを駆使して、「実績ある料理長たるプロデューサーのグループ」「ジャズとファンクのビート、ソウルフルなターンテーブルのスクラッチングが満載の、肉づきのよい仕上がり」「私の音の味覚が順応しはじめた」「支払いをする段になると…」のようなフレーズを繰り出した[10]。さらにおもしろいことがある。それからまもなく、ロスはそのミックステープの新バージョンで、DJ抜きのものをリリースした。オリジナルのカバーアートを新しくして、今度はすべて大文字の「FAT FREE（脂肪分なし）」のスタンプを押したデザインにした。

フォアグラはある現代音楽のミュージシャンにとっても、そのアイデンティティに不可欠な隠喩的な意味をもつ。「ドローン」と呼ばれる音楽ジャンルで、シアトルを拠点に活動している歌手は、「フォアグラ」というアーティスト名を使っている。ドローンは、低めの音や声をあまり変化させずに持続させる音楽で、しばしば催眠効果が指摘される。その名前との結びつきを、あからさまに示すものはないが、彼女の個性とパフォーマンス全体のメッセージ――黒いラテックスのマスク、白いカウボーイブーツ、電子的な声域と力強いフェミニスト的な歌詞――が、フォアグラという名前からシニカルな力を引き出している。少なくともオーディエンスの一部は、彼女のパフォーマンスを、動物に苦しみを与えて生産される不必要な贅沢品とみなす食材と結びつけている(11)。

第4章◉フォアグラ生産法、伝統方式から近代方式へ

世界の一部地域でのフォアグラ生産法は、いまもまだ、人間がはじめてガチョウや鴨に無理やり餌を食べさせて、肝臓を大きくしようとした頃とほとんど変わっていない。4500年ほど前の古代エジプトの石の浅浮き彫りに描かれていたような方法だ。とはいうものの、全体としては、現代のフォアグラ生産はさまざまな面で、こうした初期の時代のやり方から劇的に進化した。

いくつかの国では、強制給餌のプロセスが拡大して、大量生産に近い規模にまで発展した。別のいくつかの国では、動物に対する人道的な扱いは倫理的な選択というだけでなく、高品質の製品にもつながると気づき、生産効率も上がるような、より近代的な方式を発達させてきた。また別の国では、フォアグラ生産法は一巡してまた元に戻り、野生の渡り鳥が長い移

1900年代初めのポストカード。フランス・ピレネー地方の農場の女性と、フォアグラ用のガチョウの群れ。

動に備えて大量に餌を食べ、自然に肝臓が大きく脂肪たっぷりになるのを最初に目にした頃の、肝臓を肥大させる条件を再現し、最大化するような方式を開発した。

どの方式を使うかにかかわらず、近代以降はフォアグラ生産に対する抗議運動も世界中で目にするようになった。とくに、動物に対する残酷な扱いに非難が集中した。これらの抗議をより明確に理解するためには、また、世界のフォアグラ生産者側からの反論を理解するためには、最初に鴨とガチョウの生理学と、自然のプロセスであれ人間の考案したプロセスであれ、肝臓を大きくする方法についての基本のメカニズムを知っておくことが重要だ。

◉フォアグラ用の種と消化の生理学

フォアグラ生産に関していえば、すべての鴨とガチョウが適しているわけではない。ガチョウのフォアグラの生産者は、何世紀にもわたる歴史を経て、フランス、ランド県産の灰色のガチョウとトゥールーズ産のガチョウに行き着いた。しかし、しだいにフォアグラ産業はおもな供給源として鴨に目を向けるようになり、とくに雄のバリケン種と雌の北京ダックを掛け合わせたミュラール種に注目した。この丈夫で飛ばない交配種の鴨は、年間を通して飼育しやすいが、フォアグラ用に使うのは雄にかぎられる。雌よりもずっと早く太らせることができるからだ。雌のほうは、ひなが孵《かえ》って性別がわかるとすぐに殺される。現在は、世界で生産されるフォアグラの95パーセントほどが、鴨のものだ。ガチョウのフォアグラの生産を続けているのはおもにハンガリーで、２０１６年には世界全体の供給量の約80パーセントを占めていた。もっとも、翌２０１７年には、鳥インフルエンザの大流行で数百万のガチョウが死に、生産量は激減した(1)。

フォアグラが生産される方法を理解するのは、鴨とガチョウの消化管上部についての基礎知識があると容易になる。実際のところ、食道の構造と機能は強制給餌のプロセスの鍵というだけでなく、フォアグラの賛否についての議論を把握するための核心部分になる。

もっともなことながら、鳥の生理についての知識に欠けるほとんどの人は、強制給餌と聞くと、すぐに鳥を人格化して、人間ののどにチューブを差し込んで食べ物を流し込んだらどうだろうと想像する。そのイメージと、そこから喚起される身体的暴力、極端な不快感や恐怖といった感覚が、フォアグラに対する同情的な、熱のこもった、善意からの抗議やデモを引き起こし、ロビー活動や法的規制につながっている。

簡単にいえば、人間の食道は、口の後ろ側からのどを通って胃まで達する食べ物の通り道で、筋肉と軟骨と骨でできた、かなり硬い構造だ。そこに鳥の強制給餌に使うようなもっと硬いチューブを差し込むには、まず、食道の手前にある咽頭蓋を通過させなければならない。

ニューヨーク州ファーンデールのハドソン・バレー・フォアグラ社のミュラール種の子鴨

ガチョウの群れを導く女性とボーダーコリー

これは食べ物が間違って気管に入るのを防ぐための、軟骨性の小さな蓋だ。そこを通り抜けると、のどから下向きに急カーブさせて、チューブを進ませる。食べ物を与えられる人は、たとえ顔を上向きにしていても、不快このうえない。自らの意思で行なうのでも、単純な咽頭反射でも、人間の場合はこうした強制給餌のやり方への抵抗が強く、無理をすれば歯やあごを壊しかねない。実際に、現在行なわれている人間への強制的な栄養補給のほとんどは、柔軟性のある細いチューブを鼻の穴から胃まで差し込んで液状の栄養物を注入するという方法をとり、完全に口を避けるようになっている。

鴨やガチョウの消化管の上部は、人間のものとはまったく異なる。かなり柔軟性のある組織でできていて、「素嚢《そのう》」と呼ばれる拡張できる部分すら含む。家禽のなかには、餌を食べているときのこの部分の膨らみ具合がはっきりわかるものもある。この柔軟な構造のために、鴨やガチョウは通常の状態のときの食道の直径より、はるかに大きく不規則な形をしたもの、たとえば魚を丸ごとでも簡単にのみ込める。さらに、食べ物が気管に入るのを防ぐために咽頭反射を起こす人間とは違って、鴨やガチョウは食道と気管が完全に分かれている。もっと簡単に、動物生理学者ならこう指摘するのではないだろうか。人間には不快な感覚を引き起こすようなことも、これらの水鳥にとってはとくに不快を与えるものではない。そのため、科学者によっては、餌をのみ込ませる数秒のあいだに、鴨やガチョウが、そうした状況に置かれた人間と同じような不快な感覚や苦しみを感じるだろうと考えるのは、正しくないと論じるかもしれない。

しかし、これらの生理学的な事実は、必ずしも強制給餌を認める確かな根拠にはならないということも述べておくべきだろう。これはあくまでも、フォアグラ生産における動物の残酷な扱いという非難の一側面への答えにすぎない。

●家族経営農場のアプローチ

フランス南西部のドルドーニュ地方や、北東部のドイツ国境に近いストラスブール周辺地域ではとくに、家族経営の農場の多くがいまもまだ、何百年も前から続く伝統にしたがってフォアグラを生産している。農場の広さや、そこで営まれる農業や畜産業の内容により、飼育する鴨やガチョウの数は、1年に数十から多くて1000羽と幅がある。

鳥たちは、商業目的で飼育される他のどの動物とも同じくらい、農場で大切に育てられている。結局のところ、これらの生き物が、家族の生計の一部を支えているのだ。そして、動物たちの健康を無視したとたん動物たちは育たなくなり、土地に水を引くお金さえ得られなくなるだろう。もちろん、ほかの農場経営者と比べて、家畜を丁寧に扱う人たちもいれば、手荒く扱う人たちもいるだろう。しかし、ほとんどの人間は肉も野菜も食べる雑食であるというシンプルな事実を受け入れれば、食卓に行くことが運命づけられている動物であっても、生きているあいだは大切にしたいと思うものではないだろうか。

鴨やガチョウのように、おもに穀物を餌に与えられる動物は、幼鳥のうちは野原や囲いのなかを自由に動いているかもしれない。鴨であれば8週から12週、ガチョウならもう少し時間がかかるが、鳥たちが成鳥に近い大きさまで成長すると、強制給餌のプロセスが始まる。通常は、農場を経営する家族のひとり、または複数のメンバーがその作業を行なう。伝統的にその役割は妻が担うことが多く、家事のかたわらに鳥たちの世話もする。夫のほうは、重労働となる農作業を行なう（強制給餌が農家の妻の仕事のひとつになることが多かったため、鴨やガチョウの世話をする女性は、かつては「ガヴューズ（gaveuse）」と呼ばれていた）。強制給餌の段階になると、鳥たちは納屋や小屋のなかに移され、ケージや囲いに入れられる。床はすのこか金網になっていて、そこからふんが下に落ちる。通常は5羽かもう少し多い鳥が、それぞれの囲みに一緒に入れられる。屋外で自由に動けるときと比べれば、混雑した環境に思えるだろうが、鳥はどんどん太って動きが鈍くなるので、迷子になって何かの事故や捕食動物による不運に見舞われるのを防ぐという点では、このやり方が役に立つ。

それぞれの農場の習慣にもよるが、強制給餌は毎日2回から4回、決まった時間に行なわれる。基本的な手順は、平均25センチほどの長さのチューブを鳥ののどに差し込み、先端が胃のなかに入るようにする。次に、チューブのもう一方の端にじょうごを取りつけ、手作業で行なうか、あるいはあらかじめ設定した量の餌を機械を使って流し込む。次々と給餌される鳥の腹が、全粒トウモロコシかコーンミールであっというまに膨れ上がる。ここまでの作業は、1羽につきほんの数秒しかかからない。一般には手作業のほうが少し長くかかり、機械だともっと早い。強制給餌は、鳥たちの一生のうち、最後の3週間から4週間のあいだ続き、肝臓が最大の大きさに達したところで、殺されて解体される。肝臓を丸ごと、傷つけないように取り出すために、細心の注意が必要だ。

◉倫理的な近代方式のフォアグラ生産

近代に入ると、フォアグラ生産の規模の拡大がときとして、動物愛護活動家からの激しい抗議を引き起こした。とくに問題視されたのは、強制給餌のために鳥たちを個々のケージに閉じ込め、群れを成したり、自由に動き回ったりしたいという本能をほとんど無視することだった。盗み撮りした多くの写真では、羽根を失ったり、もっとひどいものでは、放置や手荒な扱いが見てとれる鴨やガチョウの姿がとらえられた。ケージのなかで死にかけている鳥

生後3カ月に近づいたミュラール種の鴨。かなり大きくなったが、まだ強制給餌には早い。広々として温度管理が行き届いたハドソン・バレー・フォアグラ社の農場の納屋で、群れを成している。

強制給餌段階に入ると、鴨たちは平均12羽ずつ囲いのなかに移される。

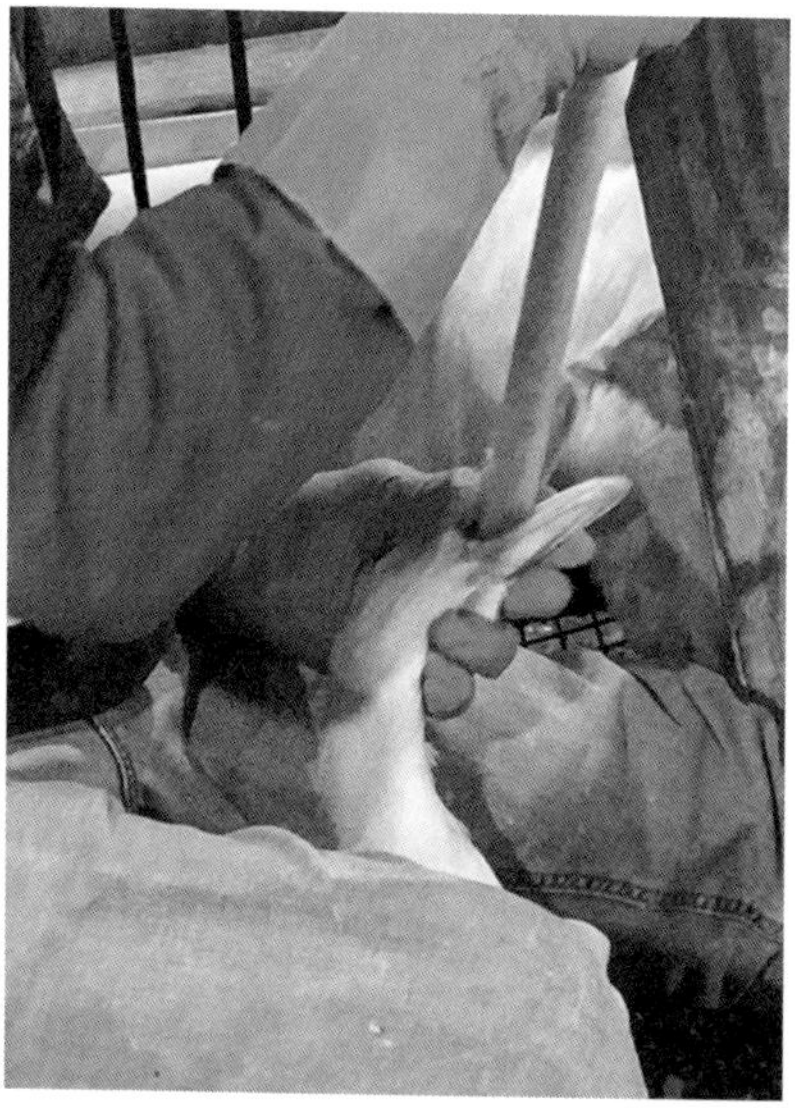

空気圧でコーンミールマッシュが送り込まれる。強制給餌はほんの数秒で終わる。

や、死んでしまった鳥の写真もあった。

しかし、そうした写真を現在のもっと信頼できるフォアグラ生産に対する非難の材料に使うのは公正ではない。ニューヨーク州のハドソン・バレー・フォアグラは、アメリカでは最大の、もっとも成功しているフォアグラ生産会社だ。フランス南西部の中世の町サルラにあるルージェは、フランスのフォアグラの約3分の1を生産している。そして、カナダのケベック州マリーヴィルには、ルージェの子会社ラ・フェルメ・パルメがある。これらの生産者はいずれも、堅実で人道的な畜産の慣行にしたがっている。

ハドソン・バレー・フォアグラ社は、農場見学を歓迎する開放的な方針をとり、カメラの持ち込みさえ認めている。この農場のミュ

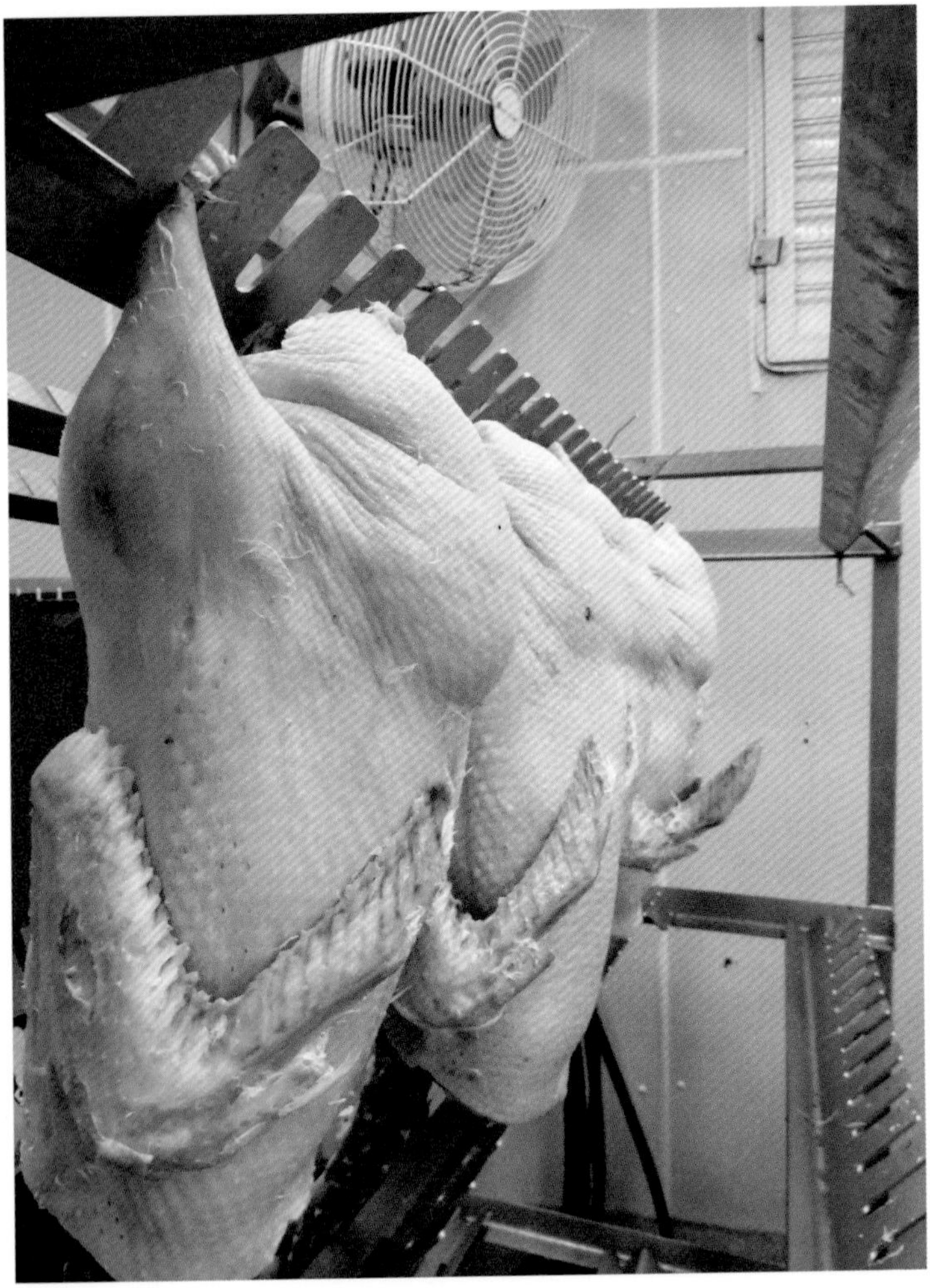

羽をむしり、一晩冷蔵すると、死んだ鴨の腹のなかのフォアグラがはっきりわかるようになる。

ラール種の鴨は、捕食動物や病気から守るために、屋内の広い納屋で飼育されているが、およそ3カ月半の鳥たちの生涯（工場で飼育されるニワトリの4週間半という寿命と比べればとても長い）を通して、驚くほど丁寧な扱いを受けている。

若い鴨は最初の12週から14週間はほぼ自由に動き回り、本能のままに群れ集まる。その後、最後の24日から31日間の強制給餌のあいだは、1・5×2メートルほどの、比較的広い囲いに移される。そこは、工場タイプの施設で反フォアグラの活動家が盗み撮りした多くの写真に見られるような、狭い個別の囲いに鳥たちが窮屈に押し込まれた状態ではない。それぞれの囲いに12羽ほどの鴨が入り、8時間ごとに強制給餌が行なわれる。

間近で観察してみると、強制給餌のプロセスは動物にとってそれほど残酷なものにも、トラウマになるようなものにも見えない。鳥たちの世話に責任をもつ訓練を受けた従業員が囲いに入り、隅に置いたスツールに座り、鴨たちを近い側のもうひとつの隅に集めると、蝶《ちょう》番《つがい》で開け閉めができるベニヤ板を立てて、これから餌を与える鴨すべてをそのなかに入れておく。次に一度に1羽ずつ鴨を連れてきて、自分のひざのあいだにそっとはさみ、片手でやさしく鳥の頭を上げ、くちばしを上に向ける。

もう片方の手で、抗議者の写真に写っているような金属の管ではなく、もっとしなりやすいプラスチック製のチューブを、上に向けられたくちばしのなかに注意深く差し込む。チュ

鴨の腹から取り出して洗浄し、余計な部分をのぞいて整えられたフォアグラは、氷のベッドの上でしばらく寝かされてから包装される。

ーブは巨大なコーンミールのタンクにつながる柔軟性のあるホースとつなげてあり、その連結部分にあるグリップを握ってしぼると、空気圧によってコーンミールマッシュが鳥の胃に注入される。

プロセス全体でほんの数秒しかかからない。そのあいだ、従業員は鴨が消化できる以上の餌を与えないように注意している。同時に、鳥にけがや病気の徴候が見えないかを観察し、ごくまれに調子の悪そうな鳥がいると、別の囲いに移してさらにくわしく調べる。

たしかに、強制給餌の最終段階に近づいた鴨たちは、見るからに太りすぎで、腹が大きく膨らみ、不快そうによたよたと歩いている。それでも、鳥たちは虐待されているようにも病気のようにも見えない。少なくとも、慢性的な病気とみなされている人間の肥満と同じ程度にしか見えない。

強制給餌の期間が終わると、鴨たちはケージに入れて納屋から加工工場へと移される。そこで、高い位置にあるベルトコンベヤーに脚から吊り下げられ、冷たい流水のなかを通り抜けるあいだに、電流が流れて瞬時に意識を失い、その後、殺されて、血を抜かれ、洗浄され、羽をむしられる。非常にやわらかい肝臓を硬くするために一晩冷やしてから、ベルトコンベヤーで別の無菌室へと運ばれる。そこで内臓を出し、アメリカ農務省職員の厳しい常時監視のもとで、肝臓が取り出される。

真空パックされて等級がつけられ、出荷を待つばかりになったフォアグラ

肝臓自体はさらなる検査を受けて、重さを測り、大きさ、形、質感、見かけによって、A、B、Cの等級をつけられ、さらなる加工、包装、貯蔵、輸送の工程へと進む。一方、鴨の残りの部分で廃棄される部位はひとつもない。胸肉（フランス語ではマグレとも呼ばれる）、脚、太ももは包装されて販売される。枕や羽毛布団のメーカーが、羽毛を購入する。足と舌は中国の市場で売られる。それ以外の部位は動物の飼料や肥料、その他の用途にまわされる。

たしかに、こうしたプロセスをはじめて目にする人にとっては、そこがもっとも倫理的で人道的な飼育方法をとっている工場であっても、鴨がひなの状態から包装商品になるまでの全工程を見るのは、はっとさせられる経験になるかもしれない。そして、疑問がずっと頭に残って消えない。これは残酷なのだろうか？

2000年代の半ば、ハドソン・バレー・フォアグラ社は、権威ある人物の意見を求めたいと考え、広く尊敬を集めるコロラド州の有名な動物科学者、テンプル・グランディンその人を工場の視察に招いた。グランディン本人は応じることがむずかしかったため、信頼できる同僚のエリカ・L・フォークトに、代理で訪問してもらった。マーク・カロが『フォアグラ論争 *The Foie Gras Wars*』で伝えているように、フォークトは若鳥たちがいる納屋の寝床のpHレベルや、と畜場の電流の強さなど、比較的小さな問題を疑問視したものの、彼女の報告書では、強制給餌のプロセスはいっさい欠陥を指摘されなかった。[2]

◉人道的な「自然派」フォアグラと未来的なフォアグラ

動物を人道的に扱おうとする努力がどれほど注意深くなされても、強制給餌を含むフォアグラ生産に対する反感の高まりと、世界各地での抗議は、強制給餌なしでフォアグラを手に入れる方法に関心を向けさせた。とくに、スペイン西部のエストレマドゥーラ地方のある農場が、メディアの注目の的になった。そこでは、動物に苦痛を与えない食料生産という現代的なコンセプトに完全に一致する方法で、フォアグラが生産されている。それでいて、フォアグラが美食ともてはやされた最初期の頃を思い出させる生産風景でもある。

うわさが広まり始めたのは2006年のフランスだ。この年、「クー・ドゥ・クール」と呼ばれるフランスの権威ある料理賞が、それほど知名度のない、パテリア・デ・スーザというスペインの農場で生産されている、いわゆる「自然派」のフォアグラに与えられた。農場を経営するのは4代目のエドゥアルド・スーザという男性だ。マスコミはすぐにわいろを疑い、賞の審査員がスーザまたはスペイン政府から金銭を受け取ったのではないかと報じ始めたが、そうした疑惑を裏づける確かな証拠はなかった。疑いはとくに、スーザが彼の濃厚なガチョウのフォアグラを、強制給餌なしで生産したという主張に集中した。

その後、2008年になって、「テイスト（Taste）」と呼ばれる料理の国際会議のおかげで、スーザのフォアグラのうわさが世界中に広まった。7月17日から19日まで、カリフォルニア州ナパバレーのロバート・モンダヴィ・ワイナリーで開催されたこの会議は、持続可能性と個人の責任を中心的テーマに掲げていた。この会議の開催中に、ダン・バーバー（賞の受賞経験もある革新的なアメリカ人シェフで、自身が経営するニューヨーク市内の「ブルー・ヒル」と、ニューヨーク州ポカンティコヒルズの「ブルー・ヒル・アット・ストーン・バーンズ」では、持続可能な「畑から食卓へ」のコンセプトの料理を熱心に追求している）が、「驚くべきフォアグラ物語」と題した20分の講演で、スーザの農場を訪れた経験を話した。その後、人気の「TEDトークス」を通して、この講演の映像がオンラインでシェアされ、それ以来、数百万単位の再生回数を得た。バーバーは知的でユーモアもある刺激的なスピーチのなかで、スーザの仕事を「自然からの贈り物」とほめそやし、「生態学的にもっとも理にかなった食べ物の選択は、もっとも倫理的な選択でもある」という、最近になってますます世界的に主流となっている考えを体現するものだとした(3)。

バーバーは、スーザの曽祖父が1812年にパテリア・デ・スーザを創業した経緯を、驚きを込めて語った（2016年8月1日の公共ラジオ放送NPRの番組で、特派員のローレン・フレイヤーが、この485ヘクタールの農場はもともとカトリック教会が1492年にユダヤ人農民から接収した土地の一部だったと明かしている(4)）。それ以来、農場ではガチョウの群れ（この農場に飛来し、繁殖し、ときにはこの鳥たちのパラダイスに落ち着くことを選んだ渡り鳥で増強されている）が、自由に動けるようにし、秋になってガチョウが長い飛行に備えてエネルギーを蓄えるため大量に餌をとるようになると、農場にふんだんにあるイチジク、オリーブ、ハーブを好きなだけ食べさせる。バーバーが観察したところによると、スーザは農場のルピナス［マメ科の植物］のやぶを茂らせ、種を実らせるようにさえしていた。ガチョウがこの種を好んで食べるからだ。この植物の種が、ガチョウの肝臓を明るい黄色にする。強制給餌にしばしば使われるコーンミールマッシュでも、同じような色になる。

この飼育方法の結果としてどんなフォアグラができるのか？　もちろん、強制給餌なしの肝臓は、従来の生産者のものよりはいくぶん小さい。しかし、バーバーは講演でこう絶賛した。「これこそまさに私の生涯で最高のフォアグラだった。（中略）甘くてコクがある。フォアグラに求められる質はすべてそろっているが、脂肪がしっかりしていて混じりけのない素朴な味がした」

バーバーが講演に続いて、２０１４年の著書『食の未来のためのフィールドノート』［小坂恵理訳。NTT出版。２０１５年］でもスーザの農場の話を書いたことで、スーザの名声は高まり、ビジネスも急拡大した。フレイヤーがNPRでレポートしたように、２０１３年

スペイン西部のエドゥアルド・スーザのフォアグラ農場では、野生のガチョウが自由に歩き回り、餌を食べている。

には環境学者で渡り鳥の専門家のディエゴ・ラブルデットとチームを組み、両者の名前をとった自然派フォアグラの事業を立ち上げた。最近になって、ふたりそれぞれが独自のブランド名――エドゥアルド・スーザとラブルデット――で、この方法で生産した製品をオンラインで販売するようにもなった。工場型の生産ではないので、当然ながら生産量はときとしてわずかになり、価格はより伝統的な方式で生産されたフォアグラよりもはるかに高額だ。バーバーはのちに、スーザの製品の入手に関して寛大にこう説明している。「彼の自然派フォアグラのポイントは、生産にむらがあることだ。彼が自然派フォアグラを毎年生産できると約束したことはない。それはガチョウと天候……それに、その他の山ほどの条件しだいとなる(5)」

動物の人道的な扱いという倫理的な問題が、問題にならなくなる日がいずれくるかもしれない。フード・ナビゲーター・アジア（Food Navigator Asia）というウェブサイトに掲載された記事によれば、科学者は実験室で体外受精または組織培養でつくるフォアグラを研究しているという。東京のインテグリカルチャー社の創業者で最高経営責任者の羽生雄毅は、「2021年から2022年には、クリーンなフォアグラの商業生産を視野に入れている」と話す(6)。この種の新しいフォアグラについては、目標とする期日に開発が間に合うかどうかはもちろん、風味、食感、料理の多用途性という点で、伝統方式で生産されたフォアグラと比べてどうなのか、その答えがわかるのはまだ先の話になる。

◉反フォアグラ運動

古代エジプトでフォアグラが食べられるようになってから数千年、その生産方法はしばしば疑念や抗議を引き起こしてきた。結局のところ、16世紀の農夫たちが強制給餌のプロセスを簡単にし、鳥の動きを抑制してさらに太らせることを目的に、目をつぶし、足を床に釘で打ちつけたなどという記述を読めば、生き物の苦しみをわずかでも気にかける人なら、ぞっとせずにはいられないだろう。

現代の動物愛護活動家たちは、フォアグラ生産に反対するさらに多くの理由を見つけてきた。彼らは、羽根を失った鳥、歩けない鳥、ケージのなかで病気になったり、死にかけていたり、すでに死んでしまった鳥たちの写真や映像を、ときには盗み撮りのような不正な手段で手に入れ拡散した。

フォアグラ生産の特徴として強制給餌が行なわれ、またそのプロセスを簡単にするために鳥たちを狭い場所に閉じ込め、人間の目には不快に見える環境のなかで飼育されるため、鳥たちは病的に太っているように見える。そして、当然ながら最後には殺されるというシンプ

パリのシャンゼリゼ大通りで、フォアグラへの抗議として、1羽ずつ押し込められたケージと強制給餌の残酷な扱いを展示している。

ルな事実がある。そうした生産方法から生まれる製品そのものも、当然ながら攻撃の標的になった。多くの活動家が社会的に認められる形での抗議を続けている。場合によっては、ケイト・ウィンスレット、レイフ・ファインズ、タンディ・ニュートン、リッキー・ジャーヴェイス、パメラ・アンダーソン、ロレッタ・スウィット、故ロジャー・ムーアなどの有名人も、公の場で反フォアグラの立場を表明してきた。

フォアグラを提供する有名シェフたちも、世間から非難を浴びてきた。序章で述べたように、2005年には一流シェフのリック・トラモントが、高い評価を受けているシカゴのレストラン「トゥルー」のメニューからフォアグラをはずすことを拒否し、世間を大騒ぎさせた。それを受けて、シカゴの伝説のシェフ、チャーリー・トロッターが、『シカゴ・トリビューン』紙のマーク・カロ記者に、「リックの肝臓をちょっとしたもてなしに使うといい。きっと脂肪たっぷりだから」と皮肉った（トロッターが自分の名前を店名にしたレストラン「チャーリー・トロッターズ」は世界的に有名だったが、トロッターが脳卒中で死亡する1年前の2012年に閉店した）[7]。カロは、その出来事について書いた最初の記事を発展させて、のちに『フォアグラ論争』を執筆した。この2009年刊行の本は、シカゴと全米、さらには世界中で繰り広げられるフォアグラをめぐる対立に焦点を当てたもので、ルポとして申し分なく、驚くほど詳細で、非常におもしろく読める。

フランスの反フォアグラ抗議デモの情報テーブルに、パンフレットや、動物虐待なしのベジタリアン向け「フォーグラ」（にせもののフォアグラ）の見本が展示されている。

最近では、イギリスのシェフ、ゴードン・ラムゼイがモリッシー（マンチェスター出身のシンガーソングライター）の嘲りの標的になった。モリッシーがかつてザ・スミス［イギリスのロックバンド。1987年に解散］時代にジョニー・マーとともに書いた楽曲「プリーズ・プリーズ・プリーズ・レット・ミー・ゲット・ホワット・アイ・ウォント Please, Please, Please, Let Me Get What I Want」が、テレビのチャンネル4の特別番組『ゴードン・ラムゼイのクリスマス・クッキング・ライブ2011 Gordon Ramsay: Christmas Cookalong Live 2011』のなかで、許可なく使われたあとのことだ。『ザ・ガーディアン』紙によれば、1年半後にこの無断使用の問題が解決したとき、モリッシーはここぞとばかりにこの料理番組のパーソナリティを批判した。

僕の曲のひとつが、ラムゼイのクリスマス番組を盛り上げるために無断で使われた。その賠償金としてチャンネル4から受け取ったお金が、フォアグラと闘うPETA（動物の倫理的扱いを求める人々の会）に寄付されることを知ったら、ラムゼイは電子レンジに頭を突っ込むかもしれない。フォアグラは残酷な方法で生産される。もし彼の体のなかに1本でも倫理的な骨があるなら、彼もフォアグラに反対するだろう。(8)

フォアグラの生産と販売を止めるため、そしてシェフたちがフォアグラを調理し提供するのを思いとどまらせるか妨害するために、通常の手段を超えた形で抗議行動に出た者もいる。フォアグラ農場への真夜中の侵入、レストランの客への嫌がらせ、シェフに対する暴力や殺人の脅迫まで、さまざまな事件が報告されている。カリフォルニア州での15年におよぶ堂々めぐりの議論は、最終的には2019年初めに、フォアグラの生産と販売を違法とする決定につながった。その議論のなかで、何人かの料理専門家は、動物愛護活動家から警戒すべきメッセージを受け取っていたことを明かした。ナパバレーのシェフ、ケン・フランクは、『ハフィントンポスト』(現在のハフポスト)の記者にこう語った。

私がどんな死に方をするのが見たいかを描写するものもある。大半は、尻の穴から、あるいはのどから、パイプを突き刺すというものだ。しかし、もっとも恐怖にかられたのは、足から逆さまに吊るして、麻酔もなしに死ぬまで血を流し続けるのを見たい、という脅迫だ。(9)

シェフ、レストラン、業者の側も、ときには法律をかいくぐってフォアグラを提供し続ける巧妙な方法を見つけ出した。たとえば、法律でフォアグラの販売が禁止されると、何人かのシェフは贅沢なテイスティング・メニューに、フォアグラを「無料」で加えた。ただ販売を続けて、罰金を支払う者もいた。シカゴのホットドッグスタンド「ホット・ダグズ」のオーナー、ダグ・ソーンもそのひとりで、シカゴでフォアグラが禁止されていた2005年に、ソーセージにフォアグラをトッピングしたホットドッグを売り続けていた（彼が支払った250ドルの罰金は、その出来事がメディアの注目を集め、売り上げが伸びたことに比べれば、取るに足りないものだった）[10]。もうひとつの巧妙なごまかしは、フォアグラを別の暗号名で売ることだ。イギリスの『ザ・ガーディアン』紙は2014年の記事で、有名シェフのヘストン・ブルメンタールにフォアグラを売っていた供給業者について、「セレブの食肉業者ジャック・オシェイは、暗号を知っている客にこっそりフォアグラを売ったために、セルフリッジズ［イギリスの高級百貨店チェーン］から出入り禁止になった。客が『フレンチ・フィレ』を注文すると、行儀の悪いジャックが目立たないようにいくらかの量を手渡すという仕組みだった」と報じた[11]。

そうしたごまかし、論争や抗議デモにもかかわらず、フォアグラに関する本当の問題はひとつのシンプルな事実に行き着く。生産方法が倫理的かどうかではなく、そもそも人間が動物を食べるべきかどうかの問題だ。この大量生産と工場型畜産食品の時代には、倫理的な方法でフォアグラを生産している農場の鴨やガチョウと同程度の、あるいはそれよりはるかにひどい環境で苦しめられている動物がたくさんいる。卵を産むメンドリは、連結されたケージの列が果てしなく続く鶏舎に、身動きもできない状態で閉じ込められている。窮屈なあまり、動くことも脚を伸ばすこともできない。真夜中でも餌を食べさせようとするため、肉用のニワトリはこうこうと明かりの灯った工場の鶏舎で生活する。そして、大きくなったレバーを取り出されるガチョウよりも早い段階で殺される。食肉用の子牛は、木箱のような牛房に鎖でつながれていることもあり、あまりに狭くて体の向きも換えられない。これは、筋肉が未発達のほうが、やわらかい乳白色の肉になるからだ。工場生産の魚は、その短い一生を混み合ったタンクで過ごすかもしれない。自分たちの排泄物のなかで泳がされ、けがや病気の危険が大きい。これらと比べると、食用の動物を大事に扱う、安全を重視した倫理的なフォアグラ生産は、必ずしも悪くはないように思える。

賞の受賞経験もあるアメリカ人シェフでフードライター、作家でもあるJ・ケンジ・ロペス＝アルトは、アメリカに3つあるフォアグラ生産農場のひとつ、ラ・ベル・ファームを訪ねた。同じくらい倫理的な生産をしているハドソン・バレー・フォアグラからも近い場所にある。見学後、ロペス＝アルトはこう感想を述べた。

すべての動物の監禁、と殺、食べることに反対するのなら、それは別の時代の別の議論だ。しかし、フォアグラを最悪中の最悪なものと名指しするのは、少なくとも誤解しているし、ひどいときにはあからさまな情報操作にもなる。よい卵と悪い卵、よい牛肉と悪い牛肉、よい鶏肉と悪い鶏肉があるように、よいフォアグラと悪いフォアグラがある。私たちは非常に恵まれていると言っていい。なぜなら、生産されるフォアグラのすべてがよいフォアグラである国にたまたま住んでいるのだから(12)。

◉フォアグラ規制と政府の政策

動物に対する残酷な扱いが含まれるという考えからのフォアグラ生産への反対は、世界中の多くの国で、フォアグラ禁止につながってきた。新しい法律や訴訟が次々と生まれるため、フォアグラがもう認められなくなった場所を特定するのは無駄な努力になるが、複雑で日々変化するこの問題の性質を理解するために、いくつかの例を見ておくのもいいかもしれない。

たとえばイギリスを見てみよう。イギリスの農場でのフォアグラ生産は、2000年以降、正式に禁止されている。しかし、フォアグラの輸入に関しては、本書の執筆時点ではまだ流動的だ。それでも、社会の最上流階級から発する世論は、この製品に対して徐々に否定的な方向に傾きつつある。2008年、ブリストルのある活動家が、コッツウォルズ地方のテトリーの町で、ハウス・オブ・チーズという店がフォアグラを販売しているのを見て、チャールズ皇太子に苦情を申し入れた。ハウス・オブ・チーズはプリンス・オブ・ウェールズ殿下の王室御用達の店なのだ。すると、抗議をしたこの女性は、皇太子の内務副主事から手紙を受け取った。「殿下はハウス・オブ・チーズがフォアグラを売っていることは認識しておらず、王室御用達認可証の見直しのさいに、この問題に対処するご意向です」[13]。ハウス・オブ・チーズのウェブサイトでは、いまはもうフォアグラは見つからないかもしれない。最近の「会社概要」には、王室御用達という名誉を、「わが社はプリンス・オブ・ウェールズ殿下の御用達認可証を20年間保有していた」と、過去形で書いてある。イギリスにおける流れの変化がわかるもうひとつの例として、2012年のホリデーシーズンのあいだに、プレス・アソシエーションが2013年以降はイギリス議会上院のメニューからフォアグラが消えるだろうと発表した。下院ではすでにメニューからはずされている。

ヨーロッパ全域で、フォアグラが生産される国の数はここ数十年で激減した。現在生産を続けているのは、フランス、ベルギー、スペイン、ハンガリー、ルーマニアだけだ。強制給餌や動物虐待を禁止するさまざまな法律が、生産を追い詰めているが、一般には製品の輸入までは禁止していない。強制給餌全般、あるいは、よりピンポイントでフォアグラ自体を禁止する法律が、ノルウェー（1974年）、デンマーク（1991年）、ドイツ（1993年）、

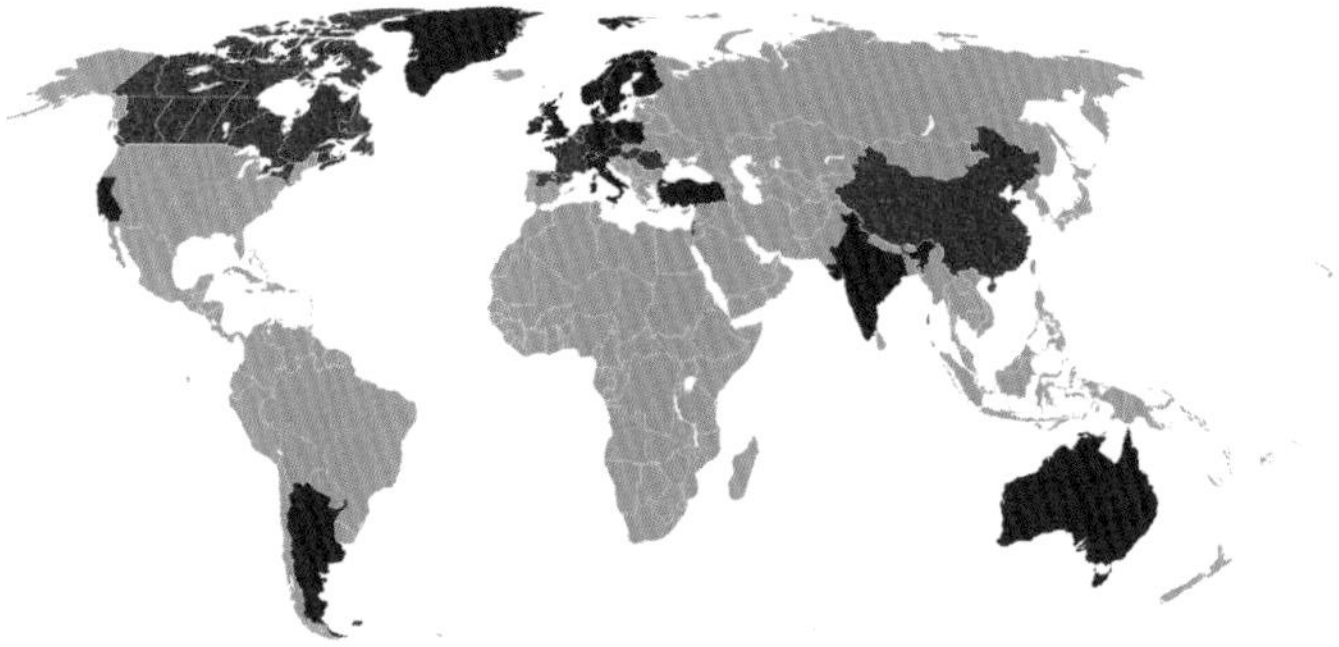

フォアグラ生産地域を赤で、生産が禁止されている地域を青で記した世界地図。青の地域が徐々に広がっている。

チェコ共和国（1993年）、フィンランド（1996年）、ポーランド（1999年）、イギリス（2000年）、イタリア（2004年）で制定されてきた。

イスラエルでは、ホロコーストを生き残った移民たちが1948年の国の独立後に、ガチョウの飼育を始め、フォアグラ生産は輸出ビジネスとして着実に成長した。そして、1970年代後半からは、国内のシェフたちが地域独自のフォアグラ料理を考案してセンセーションを巻き起こすようになった。しかし、3人の判事からなるイスラエル最高裁が2003年に裁定し、2006年初めに最終的に施行された法律によって、そうした流れも急停止させられた。トバ・ストラスバーグ＝コーエン判事は、「強制給餌の習慣がガチョウの苦しみを招いていることについては意見の相違はほぼ見られなかった」と報告した。さらに、強制給餌が「ガチョウの肝臓に変性疾患を引き起こしている」ともつけ加えた(14)。その指摘は、

900年以上前にラシの名で知られる中世フランスのラビが、フォアグラに関連した著述のなかで引用したのと同じ、旧約聖書の禁止命令に準じたものといえる。

インドはフォアグラの生産国ではないが、2014年7月に輸入を禁止した。ヒューメイン・ソサエティー・インターナショナル／インドの責任者N・G・ジャヤシンハは、こう述べた。「これは世界のみならず、インドにおける動物の保護のための大勝利であり、他国もしたがうべき前例となる。フォアグラは贅沢品として売られているが、その生産は鳥たちに多大な苦痛を与える結果になる」[15]。一方で、インドの北の目を転じると、まったく異なる態度が優勢となっている。中国のトップメディアに数えられる上海メディアグループの金融ニュース部門は、フランスの大手フォアグラ会社が、地元の起業家と共同で中国でのフォアグラ生産を開始した、と伝えた[16]。

アメリカでは、フォアグラに関する法規制は州または地方政府にまかされている。たとえば、ジャーナリストのマーク・カロの2009年の『フォアグラ論争』は、シカゴの市議会庁舎で繰り広げられたバトルを、おもしろおかしく、隅々まで記録している。シカゴでは2006年にフォアグラ禁止条例が施行されたが、その後2008年に廃止された。

カリフォルニアでは15年以上にわたって、フォアグラをめぐる法規制が行きつ戻りつしていた。肝臓を肥大させるための鳥への強制給餌を禁止する上院法案1520が州議会を通過し、当時のアーノルド・シュワルツェネッガー州知事が署名して2004年9月29日に法律になった。しかし、多くの訴訟が起こされ、法の施行は2012年7月1日まで引き延ばされた。2015年1月7日には、この法律が連邦家禽肉検査法に違反するとして、裁判所が法律の施行を阻止する裁定を下した。原告が州高裁に嘆願書を提出し、2017年9月15日には、抗告審判において、その決定がくつがえされた。2019年1月7日、連邦最高裁は生産者側の上告を棄却し、実質的にカリフォルニア州でのフォアグラの生産と販売は禁止になった。

この複雑に入り組んだ法規制の長い物語が指し示すように、世界中で、フォアグラに関する政府の規制は、つねに流動的であるように見える。この製品に関心をもつ人は誰でも、新聞やニュース雑誌、信頼できるインターネット上の情報源に目を通し、地元や世界の最新情報に通じているようにすべきだろう。

第5章◉購入と調理、フォアグラの栄養価

フォアグラは、特別な方法で餌を与えて太らせた鴨またはガチョウの肝臓という、かなり定義の狭い製品だ。それでも、さまざまな形で販売されるため、家庭で料理をする人もプロの料理人も、どれを選ぶべきかを決めるのは簡単ではなく、初心者なら混乱してしまうかもしれない。

わりと最近まで、自分で調理して食べるためにフォアグラを購入するには、たいていは特別な場所まで買いに行く必要があった。もっとも短い距離ですませようと思えば、たとえば、高級食材や輸入食品を扱う専門店が選択肢のひとつだろう。あなたが住む地域や国のフォアグラ関連の法律にもよるが、そのような店なら、いまでもフォアグラを見つけられる。フォアグラをメインの材料とする各種の缶詰や瓶詰製品も見つかるだろう。鴨のものでもガチョウのものでも、さまざまな形でフォアグラを加工し保存したものだ。そして、冷蔵ケースや冷凍ケースのなかには、生または一部調理ずみの製品も並んでいるかもしれない。さらに、

ストラスブールのジョルジュ・ブリュックの店に掲げられた黄金のガチョウ。1852年創業の代表的なフォアグラ生産者だ。

インターネット経由で簡単に買い物ができるようになったおかげで、幅広いフォアグラ製品がこれまでよりずっと手に入れやすくなった。もちろん、あなたがフォアグラ製品の生産や販売が法律で禁止されている国に住んでいなければ、の話ではあるが。

この章で紹介する購入の手引きは、店舗であれインターネット上であれ、フォアグラ製品のさまざまな選択肢について、基本的な情報を与えることが目的だ。そして、考えているレシピに見合う最高の製品をどう選ぶかについても、情報提供したいと考えている（調理法については巻末のレシピ集を参照してほしい）。章末では、フォアグラに合う飲み物を提案し、また、栄養と健康についての基本的な知識を共有する。

●鴨、鴨、ガチョウ

フォアグラは鴨からもガチョウからも生産される。しかし、あなたがどこに住んでいるか、どんなものを買いたいかによって、どちらか一方からつくった製品に出合う可能性が高い。もちろん、それによって、非常に基本的な疑問が生まれる。両方のフォアグラの違いは何なのだろう？　知識が乏しければ、その選択は古くからある子供たちに人気の「ダック、ダック、グース」という追いかけっこの遊びのように、行き当たりばったりで、まごつくばかり

パリの高級食材店フォションの棚に並ぶ、鴨とガチョウのフォアグラ加工品とその付け合わせになる商品

かもしれない。しかし、ほんの少し基本的な知識があれば、選択プロセスがずっと簡単になる。

一般に、より風味が強いのは鴨のフォアグラだが、ガチョウのフォアグラのかすかな苦みを好ましく感じる人もいる。もちろん、味の好みは人それぞれだ。そのため、できれば両方を試してみて、自分の好みで選ぶといいだろう。

きれいに洗浄し形を整えたあとの、自然に近い原形のままのフォアグラから選ぶときには、見かけだけでどちらの鳥のものかがわかることが多い。ガチョウのフォアグラは、大きいものでは、小さな鴨のフォアグラの2倍もの大きさがある。ガチョウのフォアグラは500～800グラム程度で、鴨のフォアグラは400～600グラムが一般的だ。形ももうひとつの手がかりで、ガチョウのフォアグラの先端はとがっているが、鴨のフォアグラの先端は丸みがある。色もまた、どれを選ぶかについて情報を与えてくれる。鴨のフォアグラは何を餌にしているかによって、ピンクがかったベージュから明るい茶色味を帯びた黄色で、ガチョウのフォアグラはもう少し明るめの色をしている。

しかし、最近ではそうした選択をする機会も、少なくなっているかもしれない。フォアグラを生産している国や地域のほとんどで、いまでは鴨を使うのが主流になり、たとえばフランスではフォアグラ生産の97パーセント以上を占めている。(1) ガチョウのフォアグラはおもに

1930年代のフランスの精肉店の広告。フォアグラ製品やその他のアイテムを宣伝している。

ハンガリー産のもので、2016年の時点で、世界のガチョウのフォアグラの80パーセントを占めていた。(2)

◉新鮮な生のフォアグラを選ぶ

鴨でもガチョウでも、新鮮な生のフォアグラはすべて、さわやかな香りがして、どこにも、とくにローブの割れ目やひだなどの部分にも、おかしなにおいは感じられない。もし触ることができるなら、あるいは業者に代わりに触ってもらうように頼めるのなら（もちろん、食品を扱うための新しい手袋をして）、フォアグラはしなやかで、適度な弾力があり、新鮮に見えて、サテンのような輝きがあり、変色していないものがいい。

質のよい生のフォアグラを選ぶもっとも簡単な方法は、いまならオンラインショップで、生産者から直接買うことだ。目指すのはつねに、可能なかぎり新鮮なフォアグラを買うこと。この点に関しては、包装製品の上にある日付が助けになるかもしれない。生のフォアグラは古くなるほど、調理中に溶けやすくなる。どの動物性タンパク質もそうだが、フォアグラは自然に存在する酵素とバクテリアのために、時間とともに質が低下する。幸いにも、真空包装と瞬間冷凍でその劣化のプロセスを止められる。真空包装された生のフォアグラは、密封

真空包装された生の丸ごとの鴨のフォアグラ。フランス南西部のジェール地方産。

された包装のままで冷蔵し、10日以内、できればもっと早く使い切る。

生産者から直接買うのでなければ、あなたが購入する生のフォアグラは、丸ごとでも、スライスまたはカットされたものでも、瞬間冷凍された状態で売っているものだろう。スライスされたものは、さっと焼いて食べるには便利で、下準備の必要もほとんどない。カットされたフォアグラは、田舎風パテやテリーヌ、あるいはフォアグラをきざむかピューレ状にする料理をつくるときに役立つ。

冷凍のフォアグラは調理に使うまで冷凍庫に保存しておく。調理前に解凍するときには、未開封の真空包装のまま、流しに置いた深めの容器に入れ、12℃くらいの冷たい水道水を袋が見えなくなるくらいまで注ぎ入れ、水を細く、流しっぱなしにした状態で、温度を維持しながら1時間ほどおく。その後、袋からフォアグラを取り出し、袋にたまった液体は捨て、清潔なキッチンペーパーを何枚か重ねてしいた皿の上で30分ほど寝かせ、水切りする。

◉丸ごとの生のフォアグラの下準備

丸のままのフォアグラは、調理やスライスする前にきれいに洗い、下準備をする必要がある。手順はごくシンプルだ。

まず、冷蔵庫から出したフォアグラを真空包装から取り出し、冷たい流水で洗い、清潔なキッチンペーパーで水気をふき取る。手をきれいに洗ってから、きれいなまな板の上で、フォアグラのふたつのローブをやさしく切り離す。鴨のフォアグラのローブは片方がもう片方よりも大きいが、ガチョウのフォアグラはほぼ同じ大きさだ。

ローブが分かれたら、鋭い果物ナイフを使って目に見える皮膜、神経、血管、表に流れ出てきた緑色の胆汁を取り除く。ローブを傷つけないように注意深く行なうこと。テリーヌ用などにフォアグラを丸ごと調理するのであれば、とくに注意が必要だ。

フォアグラをスライスして、高熱でさっと焼くのであれば、ローブのなめらかで丸みを帯びた側を上にして、まな板にのせる。そして、レシピで指示された厚さ、一般には12〜18ミリの厚さに斜めにスライスする。

◉加工ずみのフォアグラ——トルション

もっとも魅力的な伝統のフォアグラ料理のひとつがトルションだ。トルションとは、フォアグラの下準備で使うキッチンタオルを表すフランス語。シェフたちは自分の店の厨房でトルションをつくるが、いまでは多くのフォアグラ業者がそのままテーブルに出して食べられ

フィラデルフィアのレストラン「フォンド」の厨房で、オーナーシェフのリー・スタイヤーが新鮮なフォアグラのかたまりを平たくし、熱が均等に入るように切れ目を入れている。

その後、熱した鋳鉄製のフライパンで両面をすばやく焼く。

フォアグラのトルションを、均等な大きさの、すぐに食べられるスライスにする。

テキサス州ラボックの「ザ・ウェスト・テーブル」では、オーナーシェフのキャメロン・ウェストが、フォアグラのトルションに、揚げたてのハッシュパピー（コーンミールを団子状にして揚げたもの）と地元産のモモのジャムを添えて提供する。

る便利な加工ずみのトルションを売っている。

トルションをつくるには、丸のままのフォアグラのローブを最初に切り離し、前項で説明した方法できれいにする。次に、ワインまたは風味づけしたマリネ液につけ、数時間から一晩おく。その後、清潔なキッチンタオルを使ってフォアグラをきつめに巻いて、均等な円筒形にしたら、端は結んで太いソーセージ状にする。なかまで熱が通る程度にさっと湯にくぐらせたら、トルションを取り出して冷蔵庫で冷ます。テーブルに出す前にキッチンタオルを外し、まな板に移して、12ミリほどの厚さの斜めのスライスに切る。

現在は多くのフォアグラ生産者が、すぐに食べられるトルションを売っているので、手のかかる準備が必要なくなった。そのおかげで、フォアグラを丸ごと使った、美しく伝統的な料理を、調理ずみの状態で簡単にテーブルに出すことができる。

◉長期保存できるフォアグラ製品

古くから、濃厚だが繊細なフォアグラは保存期間を長くでき、簡単に輸送できる製品の形で売られてきた。あなたが住んでいる場所でのフォアグラの生産または販売を規制する法律にもよるが、高級食材店やオンラインショップで次のような製品が見つかる。

フォアグラ用のアンティークの皿。ファイアンスと呼ばれる施釉陶器で、フランス南東部のムスティエでつくられたもの。

パテまたはムース

ずっしりとして、粗いものとなめらかなものがある、しっかり風味づけされたパテや、それより軽くなめらかなムースは、フォアグラとそれより濃厚さに欠ける（より安価な）レバーや肉を組み合わせたもの、その他の添加物や調味料を含んでいるものなどさまざまあり、すべてラベルに表示されている。通常は、製品のラベルを見れば、純粋なフォアグラがどのくらいの割合で含まれているかもわかる。ハンガリー産の製品なら、フォアグラ、またはガチョウのレバー、あるいはハンガリー語のlibamáj（májが「レバー」、libaが「ガチョウ」を表す）と書いてあるかもしれない。

この種のフォアグラ製品は缶から出して、すぐに食べられる。実際に、缶の両側を開けて、中身を崩さないように押し出し、適当な大きさにスライスすると、

フランス、ペリゴール地方の農場にある質素な標識が、農場で保存加工したフォアグラを売るショップの方向を指し示している。

缶の溝の跡がまだ残っていることすらある。もちろん、ほかの方法で使うこともできる。トーストやクラッカーに塗るとか、幅広い料理でほかの食材と組み合わせてもいいだろう。

長期保存できるフォアグラ

通常は加工されて、清潔で密封された缶や、ゴムパッキンと留め具つきの蓋のある保存瓶に入っている。丸ごとのフォアグラまたは適当な大きさにカットしたものをそれ自体の脂肪で保存したもので、多くはさまざまなシーズニングを組み合わせている。この種の製品はすでに保存の過程で調理されていて、涼しく光の当たらない食品庫で、未開封なら2年くらい保存できる。

使うときには、缶や瓶から取り出して表面に付着している白い脂肪を丁寧に取り除く。6ミリほどの厚さにスライスして、トーストにのせ、海塩とひきたての黒コショウをふる。特別なごちそうにするなら、パンを瓶に残った脂肪に浸すと旨味が増す。

◉フォアグラに合う飲み物

フォアグラの豊かな風味となめらかな食感には、それを引き立てる飲み物が合う。フォアグラの持ち味をじゃましたり、ぶつかったりするものは避けたほうがいい。フォアグラがコース料理の最初に出されるのであれば、定番の選択肢のひとつは、フルーティーな甘さとかすかな酸味のバランスがよい白ワインだ。たとえば、フランスの良質のソーテルヌワインや、ドイツやオーストリアの遅摘みのリースリング、ハンガリーのトカイ、カリフォルニアの遅摘みの白、あるいはこれらと同等のワインを選ぶ。シャンパンやスパークリングワインもよく合う。とくに果実味が前面に押し出されたものがおすすめだ。ロゼについても同じで、赤ワインでも、グレナッシュ、ヴァルポリチェッラ、ピノノワール種でつくるミディアムボディの良質のものなら合わせられる。

もちろん、フォアグラと組み合わせる他の食材の風味や食感、料理そのものも考慮に入れ

パリのサン＝シャルル通りの屋外マルシェでは、フォアグラを詰めた鴨のトゥルヌドが、焼くだけでよい状態で売っている。

るべきだ。伝統のトゥルヌド・ロッシーニのように、フォアグラがメインの料理なら、牛の高級ステーキのときに合わせるような、力強い赤ワインを選ぶべきだろう。しかし、ハンバーガーにフォアグラを加えるのであれば、おいしいビール1杯がぴったりかもしれない。握りずしスタイルで、一口サイズにした酢飯の上に焼いたフォアグラのスライスをのせるのなら、良質の日本酒が理想的なお供になるだろう。

こうした例は、料理と飲み物のペアリングのルールを、実質的にどんな料理の場面でも使えるものに広げる。フォアグラと他の食材を使ったレシピ、下準備の方法、食事のなかのその料理の位置づけを考え、次に、自分の好みと、何が自分にとって正しい選択になるかを考えてみる。もしうまく合うように思えたら、おそらくそれが正しい選択だ。

◉フォアグラと栄養

意図的に鴨またはガチョウの肝臓を膨らませ太らせたフォアグラは、もちろん、高脂肪の食材だ。100グラムでおよそ446キロカロリーあり、そのうち約86パーセントの386キロカロリーが脂肪だ。一般に、健康的な食事で摂取カロリーに占める脂肪の割合は、最大30パーセントとされているので、これははるかに高い。しかし、その脂肪の約3分の2

一口サイズのフォアグラ入りフルーツ。フランスのグルメマーケットの肉加工品のケースのなかで宝石のように輝いている。

はオレイン酸で、オリーブオイルに含まれるものと同じだ。栄養士や医師はこれを「よい脂肪」とみなし、研究では血液中のコレステロール値を下げる効果が確認されている。

そのコレステロールといえば、同じ100グラムのフォアグラに375ミリグラムが含まれる。健康な人の1日の摂取量としてすすめられている最大値300ミリグラムよりも少し多い。しかし、大きめの卵2個に含まれる量とほぼ同じだ。そして、ナトリウムは732ミリグラムで、推奨される1日の最大摂取量の約31パーセントだ。

もちろん、フォアグラの調理の仕方によっては、脂肪の一部は溶け出して、全体の脂肪分のカロリーとコレステロール値を少しは減らすかもしれない。しかし同時に、ムース、パテ、アイスクリームにすると、さらに脂肪を加えるため、数値を上げることにもなる。

ほかの栄養素については、同じ100グラムほどの大きさのフォアグラで、平均10・7グラムのタンパク質を含む。大きめの卵は6グラムだ。また、ビタミンAは4770マイクログラム［1マイクログラムは100万分の1グラムに相当］で、1日に推奨される摂取量の530パーセントという驚きの量だ。ビタミンAは視力、免疫システム、生殖のほか、心臓、肺、腎臓、その他の内臓の適切な機能に重要な役割を果たす。

つまり、高脂肪の食品ではあるものの、フォアグラは栄養価が高い。いつもながら、その消費に関しては、「何事もほどほどに」という古くからある言葉を心に留めておいたほうがいい。人はフォアグラだけでは生きられないし、フォアグラだけで生きるべきでもない。特別な、たまの贅沢としてなら、多彩でバランスのとれた健康的な食事に問題なく組み込むことができるだろう。

謝辞

この長く困難なプロジェクトに、多くの方が力を貸してくれた。

まず、私にこのシリーズでフォアグラを担当しないかと声をかけてくれた、エディブル・シリーズの編集者アンドリュー・F・スミスに感謝したい。リアクション・ブックスの発行人であるマイケル・リーマンとアシスタントのアレクサンドル・チョバヌ、編集者のエイミー・サルター、画像編集者のスザンナ・ジェイズ、宣伝・マーケティング担当のマリア・キルコインとフラン・ロバーツ、ほかリアクションのチーム全員がつねに親切に対応し、プロの仕事をしてくれた。

ハドソン・バレー・フォアグラ社のみなさんにも感謝している。バイスプレジデントのマーカス・ヘンリーは、私と妻を快く受け入れ、数時間もかけて丁寧に施設を案内してくれた。ビジネスパートナーのイジー・ヤナイとともにこの会社を創業した社長のマイケル・ジナーは、広く尊敬を集めるシェフでレストラン店主でもある。彼は内容の濃い長いインタビューに応じてくれた。ヘンリーとジナーはふたりとも、寛容の精神で、現代フォアグラビジネスにおける最善の慣行の実例を示してくれた。このテーマに関するもっとも包括的な内容のジナーの著書『フォアグラへの情熱 *Foie Gras: A Passion*』は、フォアグラの歴史をたどるうえでとくに役立った。

マーク・カロの『フォアグラ論争』も、倫理的争点、抗議と法規制を理解するために欠かせない資料になった。説明が驚くほどくわしいだけでなく、うまくまとめられ、興味を引きつける内容だ。

ニューヨーク州ハイドパークのカリナリー・インスティチュート・オブ・アメリカのスクール・オブ・カリナリー・アーツ学部長ブレンダン・R・ウォルシュ、助教授でフォアグラ料理の講師であるヒューバート・J・マルティーニからも貴重な教えをいただいた。ふたりは学生たちが用意してくれたすばらしい昼食のあと、私と妻との会話に長い時間を割き、自分たちの見解を話してくれた。

ほかにも多くの方が熱心に協力を申し出てくれた。シェフのダン・バーバーは、広く視聴されたTEDトークに続き、スペインのエドゥアルド・スーザの農場の放し飼いのフォアグラについて、さらなる観察を共有してくれた。スーザのフォアグラの供給業者であるコルドバのメッド・インターナショナルのアントニオ・クルスは、親切に写真を送ってくれた。テキサス州ラボックの「ザ・ウェスト・テーブル」のオーナーシェフ、キャメロン・ウェストは、特別なフォアグラのオードブルを用意して私を迎えてくれた。フィラデルフィアの「フォンド」のリー・スタイヤーは、彼のコンパクトな厨房で、フォアグラを料理するところを写真に撮らせてくれた。

サンフランシスコの革新的なアイスクリーム店「ハンフリー・スロコム」の創業者、ジェイク・ゴッドビーは、彼の有名なフォアグラ・アイスクリームのレシピを本書で紹介するのを許可し、写真も撮らせてくれた。オレゴン州ポートランドの「ショコラトル・ド・デイヴィッド」のオーナーでショコラティエのデイヴィッド・ブリッグスは、彼のユニークなフォアグラ・スイーツが生まれた背景のストーリーを語り、親切にも写真を提供してくれた。シアトルのノベルティショップ「アーチー・マクフィー」のデイヴィッド・ウォールは、グルメ・フォアグラの風船ガムについての情報を楽しげに話し、写真を送ってくれた。

わが親友、ジョン・リヴェラ・セドラーにも心から感謝している。専門家としての意見を述べてくれただけでなく、彼の膨大な料理本のコレクションも参照させてくれた。ジョンはアメリカのもっとも尊敬されるクリエイティブなシェフのひとりで、心温かく、快活で、ユーモアのセンスあふれる人物でもある。彼は2014年のボルドーのワイン祭りに私を誘ってくれた。その旅では、フランス南西部のフォアグラの中心的産地ですばらしいフォアグラに出合えただけでなく、ガロンヌ川沿いに設置された上を覆うだけのテントの下で、夏の土砂降りのなか、ジョンが料理デモとしてフォアグラのタコスのモーレソースをつくるところを——英仏の通訳を務めながら——観察することができた。

私の息子ジェイク・コルパスも、いつも謝辞を贈るに値する。彼はもう長く、私のもっとも熱心で知的な食事の友でいてくれる。私がこの本を書いていると知り、何度かじっくりと語り合う時間がもてた。

妻のリン・デュビンスキーにも感謝の気持ちがつきない。彼女の賢く愛情のこもったサポートと励ましがなければ、この本を書き上げることは文字通り不可能だっただろう。長年にわたって、リンは彼女なりの倫理的理由から、ベジタリアンとなっている。このプロジェクトの話がきたとき、もし何らかの形で彼女にがまんを強いることになるのであれば、この話は引き受けないつもりだ、と私が言うと、リンはおもしろそうなテーマだし、私たちの知的な冒険を楽しみにしていると答えてくれた。自身も才能あるライターであり、すぐれた料理人であるリンは、私のもっとも熱心な読者であり、建設的な意見を述べる批評家でもある。彼女にはつねに、私の心からの感謝と愛がふさわしい。

訳者あとがき

本書『フォアグラの歴史 *Foie Gras: A Global History*』は、イギリスのReaktion Booksが刊行しているThe Edible Seriesの1冊である。このシリーズは、料理とワインに関する良書を選定するアンドレ・シモン賞の特別賞を２０１０年に受賞した。

まったりとしたクリーミーな舌触りで濃厚な味わいのフォアグラは、キャビアとトリュフとともに世界三大珍味と呼ばれる、言わずと知れた高級食材。まさに「贅沢の代名詞」というイメージだろう。古代エジプトでその価値を見いだされた丸々と太ったガチョウの肝臓は、ギリシアやローマでは、穀物の代わりにイチジクを食べさせて太らせる「イチジクのレバー」が人気となり、やがて中世から近代にかけてヨーロッパに広く伝えられ、フランスの宮廷や貴族の邸宅の厨房へ、さらには一流シェフたちが刊行した料理本によって、世界の高級料理店のメニューに加えられていった。フォアグラと聞いてすぐに思い浮かべるのは、表面をさっと焼いたものや、パテやテリーヌ、ムースといったところだが、メイン食材としてだけでなく、他の食材や料理を引き立てるサブ食材としても幅広く使われ、じつは古くから多種多様なレシピが存在していたことがわかる。20世紀には、1960年代フランスのヌーベルキュイジーヌに始まる料理界の新たな波により、伝統の高級フランス料理の枠を超え、世界的なフュージョン料理ブームの影響で、斬新で冒険的なフォアグラレシピが次々と生まれた。ピザやハンバーガーやホットドッグなどカジュアルな料理とのコラボレーションも登場、さらにはスイーツの領域にも進出している。

数多くの料理本を出版している著者のノーマン・コルパスは、世界中のシェフたちのインスピレーションを刺激し、美食家に愛されてきたフォアグラの歴史を振り返り、伝統のレシピや現代的アレンジのレシピを紹介するとともに、フォアグラのもうひとつの重要な側面にも目を向ける。それは、鴨やガチョウに大量の餌を与えて極限まで肝臓を太らせる「強制給餌」の習慣が、動物に不必要な苦しみを与えているという理由で、動物愛護活動家の怒りを買い、「フォアグラ論争」を引き起こしてきたことだ。フォアグラの賛否について著者は明確に自分の見解を述べてはいないが、鳥たちをできるかぎり人道的に扱う倫理的なフォアグラ生産で知られる、ニューヨーク州の生産工場を自ら訪れ、製造過程を見学したあとで、「強制給餌の最終段階に近づいた鴨たちは、見るからに太りすぎで、腹が大きく膨らみ、不快そうによたよたと歩いている。それでも、鳥たちは虐待されているようにも病気のようにも見えない」と感想を述べている。食用となる他の動物、たとえば鶏や牛の飼育環境と比べ、フォアグラ用の鴨やガチョウの強制給餌だけを「動物の残酷な扱い」とみなすことにはやや疑問を感じたようだ。もっとも、世界を見渡せば、こうした倫理的とみなされるフォアグラ生産会社ばかりではないだろう。

反フォアグラ運動の高まりにより、フォアグラの生産や販売を禁止する国や地域が増えている。アメリカでは現在、カリフォルニア州で生産・販売が禁止されており、ニューヨーク市でも2019年に「強制的に餌を与えられた一部鳥類の食材の販売と提供」を禁止する条例が可決し、2022年の施行が予定されている。

フォアグラ業界にとっての逆風のなか、注目されるのは、強制給餌なしの「自然派」フォアグラを生産しているスペインの農場「パテリア・デ・スーザ」の存在だ。この農場では、半野生のガチョウを放し飼いにして、鳥たちに自ら餌をついばませる方法をとる。その結果のフォアグラは、従来のものと比べるといくぶん小さく、価格ははるかに高額というが、味わってみたいと思う美食家は多いのではないだろうか。そして、フォアグラ生産は、さらに次の段階へと進んでいる。著者が、食用動物の人道的な扱いという問題が、問題にならなくなる日がくるかもしれない、として紹介しているのが、細胞培養による食肉生産を手がける日本のインテグリカルチャー社だ。同社は世界ではじめて「食べられる培養フォアグラ」の開発に成功した。本書では、２０１７年に食品業界のニュースサイトに掲載された記事から、「２０２１年から２０２２年の商業生産を目指す」という同社の羽生雄毅代表の言葉を引用しているが、『東洋経済オンライン』の２０２１年4月7日の記事によれば、その後、すでに神奈川県内の工場に製造設備を備え、「細胞培養で製造されたフォアグラを高級レストランで試験的に提供する計画」が着々と進んでいるらしい。味については、培養フォアグラには血管がないので、「本物と比べると雑味が少なくストレートな風味になる」という。

世界のフォアグラ生産は、今後どこへ向かっていくのだろうか。このまま（従来の）フォアグラの生産・販売が縮小していくようなら、フォアグラ好きの方には悩ましい状況になるかもしれない。「たまの贅沢」を演出するフォアグラは、人間の食のために動物の命をいただくという大きなテーマについて深く考えさせるという点でも、特別な食材といえるだろう。

２０２１年10月

田口未和

写真ならびに図版への謝辞

著者および出版社は、図版の提供と掲載を許可してくれた関係者にお礼を申し上げる。簡略にするため、芸術作品の所蔵場所についての情報も記した。

Photo compliments of David Briggs, Xocolatl de David, Portland, Oregon: p. 71; Photos by Lynn Dubinsky: pp. 107, 113, 115; Photo compliments of Jake Godby and Sean Vahey, Humphry Slocombe, San Francisco, California: p. 73; Harvard Art Museum: p. 96 (Étienne Carjat); Norman Kolpas: pp. 49, 53, 65, 114, 116, 118, 120, 151 top and bottom, 152 bottom; Library of Congress, Washington, DC: p. 43; Photo compliments of Archie McPhee: p. 77; New York Public Library: p. 18; Pushkin Museum of Fine Arts, Moscow: p. 91; Shutterstock: p. 6 (Crepesoles); Image by Rudy and Peter Skitterians from Pixabay, CC0: p. 108; Photo compliments of Eduardo Sousa Farm/Med International: p. 125; Vatican Museums: p. 24; Walters Art Museum: p. 82 (acquired by William T. Walters, 1864).

cometstarmoon, the copyright holder of the image on p. 63; Lu from Seattle, USA, the copyright holder of the image on p. 152 top; Rui Ornelas, the copyright holder of the image on p. 155; Speedwellstars, the copyright holder of the image on p. 146 and T. Tseng, the copyright holder of the image on p. 55, have published them online under conditions imposed by a Creative Commons Attribution 2.0 Generic License. Jesús Gorriti – Flickr: Foie Heaven, the copyright holder of the image on p. 144; Edsel Little, the copyright holder of the image on p. 58; Ewan Munro from London, UK/Draft House, Tower Bridge, London/uploaded by tm CC, the copyright holders of the images on p. 60, have published them online under conditions imposed by a Creative Commons Attribution-ShareAlike 2.0 License. Benreis, the copyright holder of the image on p. 40, has published it online under conditions imposed by a Creative Commons Attribution 3.0 Unported License. Madalina Chicu, the copyright holder of the image on p. 98; Ethique & Animaux L214, the copyright holders of the images on pp. 128 and 130; Fobos92, the copyright holder of the image on p. 137; Hallwyl Museum/Jens Mohr, the copyright holders of the images on p. 34; Loking–Restaurant SENSING, the copyright holders of the image on p. 56 and Selvejp, the copyright holder of the image on p. 27, have published them online under conditions imposed by a Creative Commons

参考文献

Alford, Katherine, *Caviar, Truffles, and Foie Gras: Recipes for Divine Indulgence* (San Francisco, CA, 2001)

Anthony Bourdain: No Reservations, 'Quebec', The Travel Channel, 17 April 2006

Barber, Dan, *The Third Plate: Field Notes on the Future of Food* (New York, 2014)［ダン・バーバー『食の未来のためのフィールドノート：「第三の皿」をめざして』小坂恵理訳、ＮＴＴ出版、2015年］

Blumenthal, Heston, *Historic Heston* (London, 2014)

Caro, Mark, *The Foie Gras Wars: How a 5,000- year-old Delicacy Inspired the World's Fiercest Food Fight* (New York, 2009)

Daguin, André, and Anne de Ravel, *Foie Gras, Magret, and Other Good Food from Gascony* (New York, 1988)

Dalby, Andrew, *Food in the Ancient World from A to Z* (London and New York, 2003)

DeSoucey, Michaela, *Contested Tastes: Foie Gras and the Politics of Food*, Princeton Studies in Cultural Sociology (Princeton, NJ, 2016)

L'École du Foie Gras Rougié Sarlat, *Mastering Foie Gras in Gastronomical Cuisine* (Lescar, 2014)

Escoffier, A., *A Guide to Modern Cookery* (London, 1907)

Ettinger, Amy, *Sweet Spot: An Ice Cream Binge across America* (New York, 2017)

Ginor, Michael A., with Mitchell Davis, Andrew Coe and Jane Ziegelman, *Foie Gras: A Passion* (New York, 1999)

Goldfield, Hannah, 'Kitchen Shift', *New Yorker* (27 May 2019), available at www.newyorker.com

López-Alt, J. Kenji, 'The Ethics of Foie Gras: New Fire for an Old Debate', *Serious Eats*, www.seriouseats.com, 8 January 2015; updated 10 August 2018

—, 'The Physiology of Foie: Why Foie Gras Is Not Unethical', *Serious Eats*, www.seriouseats.com, 16 December 2010, updated 10 August 2018

McGee, Harold, *On Food and Cooking: The Science and Lore of the Kitchen* (New York, 2004)

Poulton, Robert, 'Foie Gras and Safe Sex', *The Guardian* (29 October 2000), available at www.theguardian.com

レシピ集

◉フォアグラのソテー、温かいチェリーのコンポート添え

夏の核果は、甘さと酸味のバランスが完璧で、表面をさっと焼いたフォアグラの理想的な付け合わせになる。とくにチェリーはルビー色と球の形が魅力的だ。温かいコンポートが用意できたら、熟成したバルサミコ酢をふりかけると風味が増す。フォアグラはほんの一瞬で焼ける。

(4人分)
生の鴨のフォアグラ…スライス4枚(1枚約90g)
チェリー(半分に切り種を取る)…280g
砂糖…大さじ3
熟成バルサミコ酢…大さじ3
ピーナッツオイルまたは植物油
塩
黒コショウ(ひきたてのもの)
チャイブのみじん切り(付け合わせ)…小さじ2
精白パン、または温かいカントリースタイルのパン(直前にトーストする)

1. フォアグラのスライスの両面に、鋭いナイフで斜め格子状に約12mm幅の浅い切り込みを入れる。
2. 耐酸性の鍋にチェリー、砂糖、酢を入れて、中火にかける。よくかき混ぜ、チェリーから果汁が出てきたら弱火にして、時々かき混ぜながら10分ほど、チェリーがやわらかくなるまで煮る。穴あきスプーンでチェリーをボウルに移す。鍋に残った果汁を、よくかき混ぜながら、スプーンにまとわりつくくらいのとろみがつくまで5〜7分煮詰める。ボウルのチェリーから出た水分を鍋に戻す。煮詰めた果汁をチェリーにかけ、よく混ぜる。
3. 温めた皿それぞれに、コンポートを中央から少しずらした場所にスプーンですくって盛る。
4. 大きく重い、焦げつかないタイプのフライパンを強火にかけ、油を加える。両面に塩・コショウしたフォアグラのスライスを入れ、片面につき30〜45秒、焼き色がつくまで焼く。返すのは一度だけ。
5. フォアグラの一部がチェリーにもたれかかるように盛りつける。チャイブを添え、トーストまたはパンとともに、冷めないうちにテーブルに出す。

◉トゥルヌド・ロッシーニ

19世紀のイタリアのオペラ作曲家で、食通としても知られたジョアキーノ・ロッシーニにちなんで名づけられたこの伝統料理をつくるには、子牛のブイヨンをゼロから準備し、濃厚でとろみのある、ゼラチン質のデミグラスになるまでゆっくり煮詰めるだけでも数時間はかかる。このブイヨンを大さじ数杯加

えると、ソースに深い風味とコクを与えるのだ。幸いにも高級食材店に行くと、容器入りのデミグラスソースが売っている。オンラインでも簡単に買える。これらの製品は塩味が強いことがあるので、味をみながら塩・コショウを加減すること。

(2人分)
牛ヒレ肉のステーキ…2枚(1枚約170*g*)
海塩
黒コショウ(ひきたてのもの)
1日おいた良質のフランスパン…12*mm*厚さのものを2枚
無塩バター…大さじ3
植物油…大さじ1(好みでさらに加える)
マデイラ酒…大さじ3
子牛のデミグラス(市販のもの)…大さじ3(ぬるま湯大さじ3を加えて混ぜておく)
フォアグラのスライス…2枚(各約45*g*)フォアグラ・トルションやフォアグラのパテのスライスでも可
黒トリュフ(生または缶入りの丸ごと黒トリュフ)…3*mm*厚さのスライス2枚
(または缶入りのきざんだ黒トリュフ…小さじ2)

1. ステーキの両面に軽く塩・コショウする。鋭いナイフ、あるいは(もし手に入れば)丸いビスケット・カッターを使って、パンの中央部分をステーキの直径より少しだけ大きめの丸い形に切る。
2. ステーキが端から端までゆったり入るような大きさの重いフライパンに、バター半量と油大さじ½を入れ、中火でバターを溶かす。円形に切ったパン2枚を入れて、両面にバターを染みわたらせ、両面で4～5分ほどキツネ色になるまで焼く。温めておいた皿の中央にパンをのせる。
3. 残りのバターと油をフライパンに加えて、ステーキを焼く。すぐに計測できる料理用温度計をステーキの中央に差し込み、55℃前後に保ちながら、途中で一度だけひっくり返して、2.5*cm*厚さであれば10～12分ほど、ミディアムレアに焼く。温めた皿に移し、アルミホイルで覆って少しおく。肉汁はフライパンに残しておく。
4. フライパンを中火にかけ、マデイラ酒を加えて木べらでかき混ぜ、フライパンに残っている肉片をこそげ落とす。デミグラスと水を混ぜたものを加え、弱火にして、トリュフのスライスまたはみじん切りを加え、少し量が減るまで煮る。味見をして、必要なら塩とコショウを少し足して調整する。
5. ソースを煮詰めているあいだ、大きく重い焦げつかないフライパンを強火にかけ、油をたらす。生のフォアグラを使うのであれば、両面に軽く塩・コショウしておく。フライパンにフォアグラを入れて、濃いキツネ色になるまで両面を焼く。片面につき30～45秒。返すのは一度だけ。
6. 皿のトーストしたパンの上にステーキをのせる。ステーキから出た肉汁をソースに加える。ステーキの上に焼い

たフォアグラ、またはフォアグラのトルションかパテのスライスをのせる。ソースをスプーンでステーキの上にかけたら、トリュフのスライスを1枚ずつフォアグラの上に飾るか、きざみトリュフであれば、均等に分けてそれぞれにのせる。冷めないうちに出す。

……………………………………………

◉コドルドエッグとフォアグラ

1961年の『フランス料理をマスターする *Mastering the Art of French Cooking*』のなかで、故ジュリア・チャイルドは余談として、ココットで焼いた卵（コドルドエッグ）には、小さなフォアグラがよく合うと書いている。その付け合わせが、日常的なほっとするブランチの一皿を、特別な一品に変える。

（4人分）
無塩バター…大さじ3（やわらかくしておく）
エシャロット…大1個（みじん切りにする）
鴨のフォアグラ…スライス4枚（1枚約60g）
塩
黒コショウ（ひきたてのもの）
卵…大4個
ヘビークリーム…大さじ4
タラゴンの葉または生のチャイブのみじん切り…小さじ1
良質の精白パン（直前にトーストする）

1. 125mlサイズのラムカン4個の底と側面に、それぞれ小さじ1杯分のバターを塗りつける。トレイにのせて冷蔵庫で15分冷やす。
2. エシャロットのみじん切りを4等分にして、バターの上にちらす。フォアグラのスライスに軽くむらなく塩・コショウし、それぞれのラムカンの底におく。ラムカンをトレイに戻し、再び冷やしておく。
3. 卵を調理する30分ほど前に、オーブンを200℃で余熱し、ソースパンまたはやかんで水を沸騰させる。
4. 卵をラムカンのなかに注意深く割り入れ、クリーム大さじ1ずつ、卵の上にかける。ラムカンがゆったりおさまる大きさの深めの焼き皿の底にクッキングシートを敷く。焼き皿の上に均等なスペースをあけてラムカンを置く。ラムカンを覆う大きさにアルミホイルを四角く切り、片側に残ったバターを塗りつける。バターを塗ったほうを下にして、ラムカンにかぶせる。
5. オーブン中段のトレイを引き出して、焼き皿をのせる。ラムカンの高さの半分くらいまで、注意深く熱湯を焼き皿に注ぐ。トレイをオーブンに戻して、扉を閉める。
6. 10～12分たったら、ラムカンひとつのアルミホイルを開き、白身が固まり、黄身はまだやわらかい状態になったかどうか確認する。オーブンからトレイを半分くらい引き出し、焼き皿を出してラムカンを取り出したら、キッチンタオルの上にのせて底の水分をふき取る。アルミホイルをはずして、ラムカンを皿の上に移す。トーストを添えて、冷めないうちにテーブルに出す。

◉フォアグラとバターミルクのコーンミール、スパイス入りピーチジャム

フォアグラ、自家製のピーチジャム、揚げたてのハッシュパピー（南部スタイルのコーンミール生地を団子状にして揚げたもの）の組み合わせは、テキサス州ラボックの「ザ・ウェスト・テーブル」でシェフのキャメロン・ウェストが提供している。それを参照したこのレシピは、カクテルパーティーやディナーのオードブルとして、家庭でも簡単につくれて、同じ風味、食感、温度を楽しめる。ゲストはフォアグラとジャムをのせたコーンミールをナイフとフォークで食べてもいいし、よりカジュアルに、手でつまんで食べてもいい。

（4～6人分）
良質の市販のピーチジャム…240*ml*（カップ約1）
タバスコなどの瓶入りホットソース…小さじ½～1
小麦粉（中力粉）…180*g*（カップ1½）
石臼びきのコーンミール…115*g*（カップ¾）
砂糖…50*g*（カップ¼）
ベーキングパウダー…小さじ2
海塩…小さじ½
バターミルク…175*ml*（約¾カップ）必要であれば増やす
卵…大1個
無塩バター…大さじ4（溶かしておく）
焦げつき防止用のクッキングスプレー
フォアグラ・トルション（またはフォアグラのムースかパテ。高級食材店で手に入る）…250*g*

1. 小さめのボウルにピーチジャムとホットソースを入れて混ぜ、好みのからさにする。
2. 大きなフッ素加工の鉄板またはフライパンを中火にかける。そのあいだにコーンミールケーキの生地をつくる。ボウルに小麦粉、コーンミール、砂糖、ベーキングパウダー、海塩を入れて混ぜる。別のボウルにバターミルクと卵を入れ、泡立てる。泡立て器で混ぜながら、溶かしバターを少しずつ加える。できたらコーンミールのボウルに加えて、少し粘り気のあるとろりとしてなめらかな生地になるまでよく混ぜる。必要であればバターミルクを少し足す。
3. 鉄板またはフライパンにクッキングスプレーをスプレーする。60*ml*（カップ¼）のメジャーカップを使い、生地をすくって鉄板に入れる。コーンミールケーキがキツネ色になるまで片面につき2分ほど焼く。途中で一度だけへらで裏返す。焼き上がったら温めた皿に移し、この作業を生地がなくなるまで続ける。
4. トルションを薄い円形に切って、それぞれの皿に盛りつける。スパイス入りジャムを小さなボウルに移す。ゲストにコーンミールの皿を回し、フォアグラとたっぷりのジャムをのせて食べてもらう。

◉フォアグラとカブ入りのマッシュポテ

ト

マッシュポテトに濃厚さを加えるものとしては、バター、クリーム、サワークリーム、チーズなどが一般的だ。フォアグラ好きにとって、バターに似たレバーをじゃがいものピューレに加えるのは、あまり意味がない。このレシピはカブを含めることでジャガイモにほんの少し甘さを加え、それがフォアグラもよく引き立てる。ジャガイモは良質のステーキやローストビーフ、フライパンかグリルで焼いた鴨の胸肉、あるいは鴨のソーセージのグリルの付け合わせとしてよく合う。このレシピをさらに贅沢にして、ジャガイモの上に表面を焼いたフォアグラのスライスをのせるシェフもいる。

(4～6人分)
ジャガイモ…700g(皮をむいて3.8cm大に切る)
カブ(小)…225g(皮をむいて3.8cm大に切る)
ヘビークリーム…90ml
生のフォアグラ…60g(粗みじん)
海塩
ナツメグ(ひきたてのもの)
チャイブ(飾り用、みじん切り)

1. 鍋に水を入れ、塩少々を加える。ジャガイモとカブを入れて強火で沸騰させ、フォークで簡単に崩れるくらいのやわらかさになるまで15～20分、蓋をしないで煮る。
2. 煮ているあいだに、小さな鍋にクリームとフォアグラを入れ、時々かき混ぜながら弱火で数分温める。フォアグラがやわらかくなり、半分溶けてクリームと混ざったら、火からおろして温かい状態に保つ。
3. 野菜が煮えたら、水気をよく切る。鍋の水分を飛ばし、まだ熱い状態のところへ野菜を戻し、火を止めたホットバーナーの上に置く。蓋をしないで数分そのままにし、残った水分が蒸発するのを待つ。
4. スプーンでジャガイモとカブをすくい、ステンレスのボウルの上に置いたポテトマッシャーに詰める。穴あきスプーンかすくい器で、クリームのなかに残っているフォアグラをすくい、マッシャーに加える。野菜とフォアグラをボウルに押し出す。これを残ったジャガイモとカブすべてに繰り返す。
5. 残ったクリームを加え、木べらで全体がよく混ざるまでピューレを手早くかき混ぜる。好みで塩、白コショウ、ナツメグ少々を加える。
6. すぐに食べないときは、鍋か沸騰した湯の上に置いて、時々かき混ぜながら温かい状態を保つ。テーブルに出す前に、個々の皿またはボウルに移し、チャイブを飾る。

◉鴨のソーセージと鴨脂で炒めたタマネギのフォアグラドッグ

職人技の鴨のソーセージ(さまざまな風味のものが手に入る)、簡単に手に入るフォアグラ、出してすぐ使える瓶入りの鴨脂という、便利な加工製品のおかげで、グルメ級のホットドッグをつくることができる。そのほうが便利なら、鴨の代わりに他の種類の

ソーセージを使い、鴨脂の代わりにオリーブオイルでタマネギを炒めてもかまわない。ただし、フォアグラだけは材料に欠かせない。

(4 人分)
黄タマネギ…大 1 個（皮をむき、半分に切って、斜めに 6mm 厚さのスライスにする）
鴨脂（またはオリーブオイル）…大さじ 2（必要であれば量を増やす）
ダークブラウンシュガー…小さじ ½
塩
黒コショウ（ひきたてのもの）
リンゴ酢…小さじ 2
エクストラバージンオリーブオイル
鴨のソーセージ…4 本（各 170g）
ホットドッグ用の細長いパン…4 本（真ん中から切り開く）
ハニーマスタード…大さじ 4
缶や瓶入りの鴨のフォアグラ、缶入りの鴨のフォアグラのムース、フォアグラのテリーヌ、またはその他の調理ずみフォアグラ…225g

1. 屋外用グリルで火をおこし、直火にならないようにセッティングする。炭または火床を片側に寄せるか縁に沿って置き、反対側または中央を冷えた状態にする。あるいは屋内用グリルまたはブロイラー、溝のあるグリルパンを、強火にかけて余熱しておく。
2. そのあいだにタマネギを準備する。中ぐらいの大きさのフッ素加工のフライパンで、鴨脂またはオリーブオイルを中火で熱する。フライパンを傾けて油が簡単に流れるくらい熱くなったら、タマネギのスライスを加える。ブラウンシュガーと塩・コショウ少々をふり入れ、タマネギがやわらかくなり色づき始めるまで 5 ～ 7 分、木べらでよく混ぜる。リンゴ酢を回し入れて、よくかき混ぜながらさらに 5 ～ 7 分、タマネギがキャラメル色になるまで煮たら、火からおろし、そのままおく。
3. グリルまたはブロイラーが熱くなったら、ソーセージ全体に軽く油を塗り、直火で片側 1 分ほど焼く。グリルの冷えた部分に移して蓋をするか、ブロイラーまたはグリルパンの温度を下げる。ソーセージがほどよい茶色になるまで、時々返しながら焼く。料理用温度計をレジスターに差し込み、70℃くらいで、ソーセージの厚みに応じてさらに 5 ～ 7 分焼く。最後の 2 ～ 3 分になったら、パンの切れ目の部分にオリーブオイルを軽く塗り、上側を火に向けて 1 ～ 2 分、キツネ色になるまでトーストする。
4. 切れ目を上にしてパンを大皿または個々の皿に置き、ハニーマスタードを塗る。グリル用の持ち手の長いトングでソーセージをパンにのせる。タマネギを均等に分け、ソーセージの上に広げる。フォアグラを 12mm 程度の厚さに切るかスプーンですくい、タマネギの上に均等にちらす。冷めないうちにテーブルに出す。

◉フォアグラとトリュフのバーガー

フランス人シェフのダニエル・ブールーが2001年に「dbビストロ・モダン」をニューヨークに開店してからというもの、彼のdbバーガーは料理評論家から激賞されてきた。このレシピは家庭料理用にそのレシピをかなりシンプルにしたものだ。dbバーガーは、牛のショートリブを蒸し煮して細かく裂き、その肉でフォアグラのトルションを包み、切りやすくするために冷やしてからスライスし、それぞれのバーガーにはさむのだが、その時間のかかる作業を省いている。それでも、焼いた牛肉、濃厚なフォアグラ、香り豊かな黒トリュフの組み合わせという、贅沢さは変わらない。

(4人分)

蒸し煮した牛のかたまり肉をひき肉にしたもの(脂肪15〜20%)…680*g*
鴨のフォアグラのトルション…160*g*(同じ大きさの円形4枚に切る)
黒トリュフ風味の海塩
黒コショウ(ひきたてのもの)
ピーナッツオイルまたは植物油(調理用)
良質のマヨネーズ…大さじ4
ディジョン・マスタード…小さじ4
ホースラディッシュ(おろしたて、または瓶入りホースラディッシュの水分を切って使う)…小さじ4
ハンバーガー用の良質のバンズ…4個
トマト(熟しているが引き締まった大きいもの)…6*mm*ほどの厚さのスライス4枚

1. ひき肉を8等分して、12*mm*ほどの厚さのバーガー用パティにする。フォアグラのトルションのスライスをパティ4枚にのせ、残ったパティをかぶせる。縁と上部をやさしく押して、フォアグラを封じ込め、2.5*cm*程度の厚さのバーガーにやさしく成形する。
2. レンジの上段で、バーガー全部がゆったりおさまる大きさの重いフッ素加工の鉄板またはスキレットを高熱で余熱する。同時に、バンズ4個が入る大きさの別の鉄板またはフライパンを余熱しておく。
3. 余熱が終わったら、片方の鉄板またはフライパンに軽く油をたらす。バーガーの両面にしっかりトリュフ塩と黒コショウで下味をつけ、鉄板またはスキレットの上に注意深く置く。ミディアムレアになるまで片面5分ほど焼き、一度だけへらで返し、それ以外は触らない。
4. 途中で、バンズのカットした側にはけで油を塗り、カットした側を下にしてもうひとつのフライパンに並べ、キツネ色になるまでトーストする。個々の皿にのせておく。
5. バーガーとバンズを焼いているあいだに、小さなボウルにマヨネーズ、マスタード、ホースラディッシュを入れて、よく混ぜておく。
6. それぞれのバンズのカットした側にマヨネーズを塗る。バーガーをのせた下側のバンズに、トマトのスライスをのせて、上側のバンズをかぶせる。

◉フォアグラ入りブルーコーンタコス、プルーン、ベビーベジタブル、モーレ・ポブラーノソース

アメリカ南西部とフランス南西部の料理のマッシュアップ。手早くつくれるこのソフトタコスは、2014年のボルドーのワイン祭りで、ジョン・リヴェラ・セドラーがフランスの熱狂的な観客の前で調理した料理にヒントを得たものだ。モーレ・ポブラーノは、メキシコ伝統のとろみのあるソースで、ピーナッツ、チリ、スパイスに、ダークチョコレートを加えてつくるのが一般的。専門店やオンラインショップで、すぐに使える瓶入りのものが手に入る。

(4人分)
鴨のフォアグラ(生)…スライス4枚(各60*g*程度)
良質の瓶入りモーレ・ポブラーノソース…大さじ8
ピーナッツオイルまたは植物油
ベビーズッキーニ…4個、または小さめのズッキーニ…½個(へたを切り取り、薄切りにする)
ベビーキャロット…4個、または小さめのニンジン…½個(皮をむいて薄切りにする)
新タマネギ(春タマネギなどでも可)…小1個(白または薄い緑の部分だけを使い、斜めの薄切りにする)
海塩
黒コショウ(ひきたてのもの)
ブルーコーンまたはイエローコーンのソフトトルティーヤ…4枚
プルーン(種を抜いたもの)…4個(縦長の薄切りにする)

1. 鋭いナイフで、フォアグラのスライスの両面に斜めの格子状に浅い切り込みを均等に入れる。切れ目の幅は12*mm*程度。ナイフの腹を軽く押しつけ、6*mm*厚さに伸ばす。
2. 小さな鍋にモーレを入れて弱めの中火にかけ、時々かき混ぜながら温める。熱が通りなめらかになったら火を止め、蓋をして温かい状態を保つ。
3. 大きなフッ素加工のスキレットまたはフライパンを強めの中火にかけ、少量の油をたらす。油が熱したら、すべての野菜を入れ、塩・コショウで味つけし、つねにかき混ぜながら2～3分、やわらかくなるまで炒める。ボウルに移しておく。フライパンの油をペーパータオルできれいにふきとる。
4. 野菜を炒めるのに使ったフライパンと、別の大きいフッ素加工のフライパンを同時に強火にかける。片方に油をなじませ、トルティージャを入れる。やわらかくなって焼き色がつき始めるまで、片面1分ぐらいずつ焼く。
5. トルティージャを焼き始めたらすぐに、もうひとつのフライパンに油を入れる。フォアグラのスライスの両面に塩・コショウをしてフライパンに加え、片面30～45秒ほど焼き、こんがり焼き色がつき始めたら、一度だけひっくり返す。
6. 温めておいた4枚の皿それぞれにトルティージャを置く。フォアグラのス

ライスをトルティージャの中央にのせる。温かいモーレソースをスプーンでフォアグラにかける。炒めた野菜はフォークを使って水気をボウルに残すようにしてソースの上に盛る。プルーンのスライスを飾りにして、すぐにテーブルに出す。

◉ハンフリー・スロコムのフォアグラ・アイスクリーム

サンフランシスコの有名なアイスクリーム店の料理本『ハンフリー・スロコム・アイスクリームブック』掲載のレシピ。使用を許可してくれた共同オーナーシェフのジェイク・ゴッドビーと業務管理者のショーン・ヴァヘイに感謝する。彼らはこの本に、「このメニューをスクープで提供することは絶対にない。つくるのに費用がかかるし、フォアグラは濃厚なので（ご存じのとおり、鳥の肝臓だ）、他のアイスクリームとは必ずしも相性がよくない」と書いている。

カリフォルニア州でフォアグラが禁止されるまで、このアイスクリームを時々メニューに加えていたときには、ジンジャースナップクッキーでアイスをはさんだサンドイッチにするのが彼らのお気に入りだった。たまにサンデーにして、ジンジャースナップのかけらをトッピングしたり、種を抜いたチェリーを渦巻き状に加えたりしたこともある。旨味豊かなアイスクリームと、甘酸っぱいチェリーのコントラストが完璧だった。

（アイスクリーム約１リットル分）
フォアグラ（生）…115*g*
砂糖…300*g*
ヘビークリーム…470*ml*（カップ 2）
全脂乳…240*ml*（カップ 1）
海塩…小さじ 2

1. フォアグラを約 12*mm* のぶつ切りにする。
2. 底の重い、大きめの耐酸性の鍋を強めの中火にかけ、砂糖 100*g* を入れ、時々かき混ぜながら、薄い琥珀色の液状になるまで 10 ～ 15 分キャラメリゼする。フォアグラを加え、よくかき混ぜながら、濃い黄金色に変わり、フォアグラが溶け始めるまで（フォアグラはほとんどが脂肪なので溶けやすい）3 分ほど煮る。
3. クリーム、牛乳、残った砂糖と塩を加え、よくかき混ぜる。火からおろして、少し冷ます。
4. 大きめのボウルまたは鍋に氷と水を入れる。きれいに洗った別のボウルを氷水に入れ、目の細かいざるを重ねる。
5. フォアグラをブレンダーに移し、なめらかなピューレ状にこす。すぐに、ざるを通して氷水に入れたボウルに入れる。そのまま冷やし、時々かき混ぜる。
6. 完全に冷えたら、ボウルをしっかり覆って冷蔵庫に入れ、少なくとも 1 時間、できれば一晩おく。冷凍する準備ができたら、アイスクリームメーカーに入れ、指示にしたがって回転させる。できたらすぐに食べる。

◉フォーグラ

ここ数十年の間に、ヨーロッパと北米の多くのシェフが、ベジタリアンやヴィーガン向けのパテを考案し、一般に「フォーグラ」の名前で呼ばれるようになった。フォー（faux）は「にせものの」「人工の」を意味し、フランス語で「肝臓」を表すfoieに置き換えたもので、見かけ、味、食感はフォアグラに似ているが、映像産業のフレーズを借りれば、「この料理をつくるのに動物は傷つけていません」というコンセプトを表す。いくつかのレシピは、スプーン1杯のピューレ状のビートの根を加えて本物っぽさを増そうと努め、その結果、血を含んでいるようなピンクがかった色になっている。正直にいえば、本物のフォアグラを味わったことのある人なら、このフォアなしのバージョンにごまかされることはないだろう。しかし、ここで紹介するレシピは、本物の口当たりと風味にかなり近づいている。ベジタリアンまたはヴィーガンにどれほどこだわるかによって、牛乳を使ったバターか、高品質のバターに似たスプレッド（カシューナッツをつかったものが多い）を選ぶといいだろう。

（6～8人分）

無塩バターまたはカシューナッツベースのヴィーガン用「バター」スプレッド…大さじ4
甘タマネギ…小1個または中½（皮をむいてみじん切り）
エシャロット…中1個（皮をむいてみじん切り）
培養ホワイトマッシュルーム…中6個（軸をとり、6*mm*幅にスライス）
シイタケ…中6個（軸をとり、6*mm*幅にスライス）
ひよこ豆（缶）…500*ml*（カップ2）水気を切って使う
殻付き炒りヘーゼルナッツ…140*g*（カップ約1）きれいなキッチンタオルではさんで皮をこすり取る
白味噌…大さじ2
レモン汁（しぼりたて）…大さじ2
トーニーポート…大さじ1
マスコバドシュガー（ダークブラウン）…大さじ½
トリュフオイル（好みで）…小さじ⅛
イタリアンパセリ…大さじ1（みじん切り。飾り用の別量）
タイムの葉…大さじ1（みじん切り）
海塩
黒コショウ（ひきたてのもの）
クラッカーまたは薄切りの白パンをトーストして耳を切り落としたもの（斜めに4つに切って三角形にする）
好みの甘酸っぱいジャムまたはチャツネ

1. 大きめのフライパンまたはスキレットを強めの中火にかけて、バターまたはヴィーガン用スプレッドを溶かす。タマネギとエシャロットを加えて、よくかき混ぜながら、野菜がしんなりして、色づき始めるくらいまで5～7分ほど炒める。
2. ホワイトマッシュルームとシイタケを加えて、よく混ぜながら、マッシュルームがしんなりして水分がすべて蒸発するまで、さらに7～10分ほど炒めたら、火からおろしておく。
3. 水気を切ったひよこ豆、ヘーゼルナッツ、味噌、レモン汁、ポートワイン、

砂糖、トリュフオイル（好みで）、パセリ、タイムを、ステンレスの刃がついたフードプロセッサーに入れる。スイッチを断続的に入れて、材料が粗みじんの状態になったら、オンの状態を続けてなめらかなピューレ状にする。ゴムべらでボウルのへりに落として、滑り落ちるくらいのやわらかさにする。味見をして塩・コショウで調整し、生地に加える。

4. へらを使って、ピューレを魅力的な皿に移す。皿を覆って冷蔵庫で少なくとも2時間冷やす。
5. 食べる直前に覆いをはずし、パセリを飾る。クラッカーかトーストの皿と一緒に出し、ジャムやチャツネで客が好みの味にできるようにする。

注

序章　フォアグラの賛否

（1）Harold McGee, *On Food and Cooking* (New York, 2004), p. 167.［ハロルド・マギー『マギー キッチンサイエンス』香西みどり監訳、共立出版、2008 年］

（2）*Anthony Bourdain: No Reservations*, 'Quebec', Travel Channel (17 April 2006).

（3）Katherine Alford, *Caviar, Truffles, and Foie Gras : Recipes for Divine Indulgence* (San Francisco, CA, 2001), p. 34.

（4）Mark Caro, *The Foie Gras Wars: How a 5,000-Year-Old Delicacy Inspired the World's Fiercest Food Fight* (New York, 2009), p. 8.

第 1 章　フォアグラ 4500 年の歴史

（1）'A Short History of Foie Gras', *Wall Street Journal* (31 May 2008), www.wsj.com で閲覧可能 .

（2）Athenaeus (of Naucratis), *The Deipnosophists; or, Banquet of the Learned*, vol. ii, trans. C. D. Yonge, BA (London, 1854), p. 604.

（3）C. Smart, *The Works of Horace: Translated Literally into English Prose* (London, 1850), www.en.wikisource.org で閲覧可能 .

（4）Jacob Neusner, *Narrative and Document in the Rabbinic Canon: The Two Talmuds*, vol. ii (Lanham, MD, 2010), p. 268.

（5）Richard H. Schwartz, 'Tsa'ar Ba'alei Chaim – Jewish Teachings on Compassion to Animals', blogs.timesofisrael.com, 31 October 2017.

（6）Cathy K. Kaufman, 'Foie Gras Fracas: Sumptuary Law as Animal Welfare?', in *Food and Morality: Proceedings of the Oxford Symposium on Food and Cookery 2007*, ed. Susan R. Friedland (London, 2008), p. 127.

（7）Michael A. Ginor, with Mitchell Davis, Andrew Coe and Jane Ziegelman, *Foie Gras: A Passion* (New York, 1999), p. 21.

（8）'The Pate de Foie Gras. History of the Favorite Dish of the French. Death of Its Greatest Maker', *Inyo Independent*, XXII/43 (10 April 1891).

（9）Auguste Escoffier, *A Guide to Modern Cookery* (London, 1907), p. 547.

（10）Tim Carman, 'Inaugural Ball Food: From Foie Gras Pate to Peanuts', *Washington Post* (18 January 2013), www.washingtonpost.com で閲覧可能 .

第２章　フォアグラ料理の現代風アレンジ

(1) 'A Recipe by Eneko Atxa', *Four*, www.four-magazine.com, 9 April 2014.
(2) Paula Forbes, 'Wylie Dufresne Explains How to Mess with Foie Gras', *Eater*, www.eater.com, 7 November 2012.
(3) Hollis Johnson and Mary Hanbury, 'World-famous Chef Daniel Boulud Reveals his Secrets to Making the Perfect Burger', *Business Insider*, www.businessinsider.com, 14 December 2017.
(4) Mina Bloom, 'Chicago's Dog House Adds Hot Doug Tribute Duck Foie Gras Dog to Menu', www.dnainfo.com, 24 November 2014.
(5) Hannah Goldfield, 'Kitchen Shift', *New Yorker* (27 May 2019), www.newyorker.com. で閲覧可能 .
(6) 同上 .
(7) 'Cremes brulees de foie gras et figues fraîches au brocciu', www.chefsimon.com, December 2016.
(8) Jenn Rice, 'A Foie Gras Candy Bar? The Carnivorous Dessert Trend', *Vogue*, www.vogue.com, 12 June 2017.
(9) David Briggs, 筆者への電子メール , 9 September 2019.
(10) Mark Palmer, 'Restaurant Review: Hibiscus', *The Telegraph* (3 November 2007), available at www.telegraph.co.uk.
(11) Jake Godby, Sean Vahey and Paolo Lucchesi, *Humphry Slocombe Ice Cream Book* (San Francisco, CA, 2012), pp. 111–12.
(12) Amy Ettinger, *Sweet Spot: An Ice Cream Binge across America*, excerpted in '"Sweet Spot" Gives the Scoop on Ice Cream', *WBUR*, www.wbur.org, 5 July 2017.
(13) David Wahl, 筆者への電子メール , 17 August 2019.
(14) Ken Frank, 以下の記事に引用 . 'Foie Gras Bubble Gum: The Taste Test', *Huffington Post*, www.huffpost.com, 10 September 2012.

第３章　芸術と大衆文化のなかのフォアグラ

(1) W. Somerset Maugham, *The Razor's Edge* (Garden City, NY, 1944), p. 140.［サマセット・モーム『かみそりの刃』中野好夫訳、筑摩書房、1995 年ほか］
(2) N. M. Kelby, *White Truffles in Winter* (New York, 2011), pp. 58–9.
(3) Joanne Harris, *The Girl with No Shadow* [2007], ebook (New York, 2008), p. 518.
(4) Jessica Tom, *Food Whore: A Novel of Dining and Deceit* (New York, 2015), p. 237.［ジェシカ・トム『美食と嘘と、ニューヨーク』小西敦子訳、河出書房新社、

2016 年]

(5) John Edgar Wideman, 'Fat Liver', in *Best African American Fiction 2010*, ed. Gerald Early and Nikki Giovanni (New York, 2009), p. 183.

(6) Ann Whiting Allen, 'Monet's Table [Review]', quoted in *Deseret News* (16 February 1992), www.deseret.com で閲覧可能 .

(7) 以下に引用 . Tom Huizinga, 'Composers in the Kitchen: Gioachino Rossini's Haute Cuisine', *Deceptive Cadence from NPR Classical*, www.npr.org, 25 November 2010.

(8) A. Escoffier, *A Guide to Modern Cookery* (London, 1907), p. 374.

(9) Sean Ryon, 'Asher Roth Talks "Seared Foie Gras with Quince and Cranberry," Favorite Eats', www.hiphopdx.com, 28 May 2010.

(10) Chris Catania, 'Music Review: Asher Roth – Seared Foie Gras with Quince and Cranberry', *Seattle Post-Intelligencer*, www.seattlepi.com, 26 April 2011.

(11) Lee Newman, 'The Femme Fury of Foie Gras', *Seattle Weekly*, www.seattleweekly.com, 15 February 2017.

第４章　フォアグラ生産法、伝統方式から近代方式へ

(1) Krisztina Than, 'Hungary's Foie Gras Industry Down with Flu as Millions of Birds Die', *Reuters*, www.reuters.com, 25 January 2017.

(2) Mark Caro, *The Foie Gras Wars: How a 5,000-year-old Delicacy Inspired the World's Fiercest Food Fight* (New York, 2009), pp. 291–2.

(3) Dan Barber, 'A Foie Gras Parable', *Taste3 2008*, www.ted.com, July 2008.

(4) Lauren Frayer, 'This Spanish Farm Makes Foie Gras without Force-Feeding', *NPR*, www.npr.org, 1 August 2016.

(5) Dan Barber, 筆者への電子メール , 24 August 2019.

(6) Lester Wan, 'Lab-made "Foie Gras": Japan Firm Claims Product Could Be Commercially Viable by 2021', www.foodnavigator-asia.com, 1 November 2017.

(7) Caro, *The Foie Gras Wars*, p. 8.

(8) John Reynolds, 'Morrissey Donates Channel 4 Payout to PETA Campaign against Foie Gras', *The Guardian*, www.theguardian.com, 9 July 2013.

(9) Carly Schwartz, 'California Chefs Face Death Threats for Serving Foie Gras', *HuffPost*, www.huffpost.com, 14 January 2015.

(10) Caro, *The Foie Gras Wars*, pp. 200–201.

(11) Michele Hanson, 'Heston Blumenthal Has Finally Heard About Foie Gras? Where Has He Been?', *The Guardian* (15 December 2014), www.theguardian.com で閲覧

可能 .

(12) J. Kenji Lopez-Alt, 'The Physiology of Foie Gras: Why Foie Gras Is Not Unethical', *Serious Eats*, www.seriouseats.com, 16 December 2010.

(13) 'Foie Gras Is off the Menu at Royal Palaces as Charles Bans "Torture" Delicacy', *Daily Mail* (26 February 2008), www.dailymail.co.uk で閲覧可能 .

(14) Caro, *The Foie Gras Wars*, p. 173.

(15) 'India Foie Gras Import Ban Applauded', *Humane Society International*, www.hsi.org, 7 July 2014.

(16) Jinyu Lv, 'Chinese Foie Gras and Caviar Production Is Booming', *Yicai Global*, www.yicaiglobal.com, 2 May 2017.

第５章　購入と調理、フォアグラの栄養価

(1) L'École du Foie Gras Rougié Sarlat, *Mastering Foie Gras in Gastronomical Cuisine* (Lescar, 2014), p. 6.

(2) K. Than, 'Hungary's Foie Gras Industry Down with Flu as Millions of Birds Die', *Reuters*, www.reuters.com, 25 January 2017.

ノーマン・コルパス（Norman Kolpas）
料理、芸術、建築、旅行など、ライフスタイル分野を専門とするライター、編集者。料理本を中心に、これまで40冊以上の書籍を刊行している。1991年から2001年まで、高級キッチン用品店「ウィリアムズソノマ」の出版プログラムで、顧問編集者を務めた。また、UCLAエクステンションでノンフィクションと料理本のライティング講座を担当した。『Southwest Art』誌や『Western Art & Architecture』誌などの専門誌にも数多くの記事を書いている。

田口未和（たぐち・みわ）
上智大学外国語学部卒。新聞社勤務を経て翻訳業に就く。主な訳書に『「食」の図書館　ピザの歴史』『「食」の図書館　ナッツの歴史』『「食」の図書館　ホットドッグの歴史』『花と木の図書館　松の文化誌』（以上、原書房）、『SPACE SHUTTLE 美しき宇宙を旅するスペースシャトル写真集』（玄光社）など。

「食《しょく》」の図書館《としょかん》

フォアグラの歴史《れきし》

●

2021 年 *11* 月 *24* 日　第 *1* 刷

著者……………ノーマン・コルパス

訳者……………田口未和《たぐちみわ》

装幀……………佐々木正見

発行者……………成瀬雅人

発行所……………株式会社原書房

〒 160-0022 東京都新宿区新宿 1-25-13

電話・代表 03(3354)0685

振替・00150-6-151594

http://www.harashobo.co.jp

印刷……………新灯印刷株式会社

製本……………東京美術紙工協業組合

ISBN 978-4-562-05947-8, Printed in Japan